鹿鸣心理

谨以此书献给所有人，希望每个人能从这些书页中学会更好地认识自己。

鹿鸣心理
心理自助系列

[奥] 阿尔弗雷德·阿德勒
（Alfred Adler）
著

[英] 艾伦·波特
（Alan Porter）
编

刘邦春
田王晋健
译

自卑与超越

WHAT LIFE SHOULD MEAN TO YOU

重庆大学出版社

目 录
Contents

第一章　人生的意义

人类生活在各种意义的领域里。我们经历的不是纯粹的境遇；我们总是在经历对人有意义的境遇。即使在意义的源头，我们的经历也受到人的各种目的的限制。"木头"意味着"与人类相关的木头"，而"石头"意味着"作为人类生活中的某个因素的石头"。如果一个人试图逃离意义而只专注于境遇本身，他将是非常不幸的：他会将自己与他人隔离开来；他的行动对自己或他人都毫无益处，总之，它们将毫无意义。但是没有人能逃离意义。我们总是通过赋予现实的意义来体验现实；我们不是体验现实本身，而是体验被诠释成某种东西的现实。因此，我们自然会认为，意义总是或多或少未完成的、不完整的，甚至它永远不可能完全正确。如此说来，意义的领域便是错误的领域。

如果我们问一个人："人生的意义是什么？"他可能无法回答。在大多数情况下，人们要么不去思考这个问题，要么不去尝试给出答案。诚然，这个问题和人类的历史一样古老，在我们这个时代，年轻人——甚至老年人——经常会大声喊道，"但是人生是为了什么啊？人生意味着什么？"然而，我们可以说，他们只有在遭受某个挫折时才会那样问。只要万事如意，只要没有困难的考验摆在他们面前，这个问题就永远不会被他们说出口。每个人都不可避免地在自己的行动中提出了那个问题，并且已经作答。如果我们对他的话语充耳不闻，而是观察他的行动，我们会发现他有自己个人的"人生意义"，他所有的姿态、态度、动作、表情、言谈举止、抱负、习惯和性格特征都和这个意义是一致的。他表现得好像可以依赖自己对人生的某种诠释。在他所有的行动中，都隐含着对世界和自己的考量；他会做出"我是这样的，而宇宙是那样的"判断。既赋予自我存在以意义，也为生命整体标定价值坐标。

人生意义的多样性恰如个体的多样性。正如前文所述，每种对人生意义的理解都可能存在不同程度的谬误。事实上，并不存在某种绝对正确的人生意义，同样，任何具有实践价值的意义诠释也都不应被判定为完全错误的。所有对人生意义的认知都处于这两个极端之间。然而，在这个连续体中，我们确实能辨识出优劣之分：有些诠释更接近真理，有些则偏离得更远；有些包含细微的偏差，有些则存在根本性的谬误。通过分析比较，我们可以归纳出优质的人生意义的共性特征，以及劣质的诠释缺失的关键要素。这种研究方法使我们得以建立一套科学的人生意义评价体系——一套衡量意义之真实性的共同标准，这种标准必须能够经得起现实的检验，特别是人类的生存现实的检验。在这里需要重申的是，所谓"现实"，特指对人类而言的现实，对人类各种目的和追求而言的现实。超越这个范畴的现实即便存在，也与人类无涉；我们既无法认知，更无从理解，因而对我们也毫无意义可言。

每个人都被三种根本纽带所维系，而正是这些纽带构成了他必须面对的现实基础。这些纽带共同组成了人类生存的全部现实境遇。人所面临的一切问题，都沿着这些纽带的方向展开。他必须不断回应这些问题，因为它们始终在叩问他；而他的回答将向我们揭示其对人生意义的独特理解。第一个纽带：我们栖居在这颗贫瘠行星——地球——的表面，别无他处。我们必须在生存环境的限制与可能中发展自身。无论是身体还是心灵，我们都必须不断成长，以确保个体能在地球上延续生命，并为人类未来的存续贡献力量。这是每个人都无法回避的根本命题，它要求每个人做出回应。我们的一切行为，本质上都是对"人类生存境况"的作答：它们昭示着我们认定的必要性、恰当性、可能性与理性。而每个回答都必须基于两个不可动摇的事实：我们属于人类共同体，且居住在这颗星球上。

倘若我们正视人类肉体的脆弱性与所处环境的局限性，便会明白：为了个体生存与人类福祉，我们必须竭力完善自己的答案，使其具备远见与内在一致性。这犹如面对一道数学难题——我们必须始终如一地运用运算法则进行解答，不能依赖偶然猜测。虽然我们无法找到一劳永逸的完美答案，但竭尽所能就能求得近似解。人类永恒的使命，就是持续探寻更优的解答。而这个答案必须始终紧扣一个现实：我们被束缚在这颗贫瘠星球——地球的地壳之上，所处的位置既赋予我们优势，也带来种种局限。

接下来我们谈谈第二个纽带。我们并非人类种族中孤立的个体，周遭始终存在着其他成员，我们的生活始终与他人紧密相连。个体与生俱来的脆弱性与局限性，决定了人无法在孤立状态下实现自身目标。若离群索居、独自应对生存难题，人类终将走向灭亡——既无法延续个体生命，更无力维系人类种群的存续。人类永远与他人命运交织，这种羁绊恰恰源于自身的脆弱、不足与局限。对个体福祉与人类整体利益而言，最关键的进步在于建立联结。因此，对人生难题的每个解答，都必须考量这种根本联系：我们的答案必须基于"人类共存"这一铁律——孤独意味着毁灭。若要生存下去，甚至我们的情感也必须与这个终极命题相协调：在我们栖居的星球上，通过与同胞协作，既延续个体生命，亦守护人类族群的未来。这一命题蕴含着人类最崇高的目标与使命。

第三个纽带是人类具有两种性别特征。个体的人生和公共生活的维护必须考虑到这个事实。爱情与婚姻的问题便属于第三个纽带。没有一个男人或女人能够避而不答。人在面对这个问题时的一切作为，便是他的答案。人们试图解决这个问题的方式有很多种：他们的行动总是表现出自认为可以解决这个问题的唯一方法。因此，这三个纽带设定了三个问题：如何在地球自然条件的限制下，找到一份能够让我们赖以生存的职业；如何在众人中找到一席之地，以便我们可以合作并共享合作的各种好处；如何适应这样一个事实——我们具有两种性别特征，而人类的延续和发展取决于我们的爱情生活。

　　个体心理学发现，人生中的任何问题都可以归类为这三个主要问题——职业问题、社交问题和两性关系问题。每个人对这三类问题的应对方式，无不深刻地揭示其内心对人生意义的理解。试想这样一个人：他的爱情生活残缺不全，对工作敷衍了事，朋友寥寥无几，与同伴相处时倍感痛苦。从其人生的局限，我们可以推断：他将生存视为充满艰险之事，机遇稀少而挫败频频。这种狭隘的人生状态实则是其内心判词的体现："人生的意义在于——保全自我免受伤害，筑起围城独善其身"。反之，若观察这样一个人：他的爱情是亲密无间的多元协作，事业成就斐然，交友广泛且人际关系丰硕。对此我们可得出结论：他将人生视为创造性使命，机遇无限且没有不可挽回的失败。他直面人生难题的勇气昭示着这样的信念："人生的意义在于——对人类同胞保持热忱，作为整体的一部分，为人类福祉贡献己力"。

　　正是在此，我们得以发现所有错误"人生意义"的共同特征，以及所有正确"人生意义"的普遍标准。所有的失败者——神经症患者、精神病患者、罪犯、酗酒者、问题儿童、自杀者、性变态者和娼妓——他们的失败皆源于缺乏同伴情谊与社会兴趣。他们在面对职业、友谊与性等问题时，总是缺乏通过合作解决问题的信心。他们所赋予生命的意义是私人的意义：其目标的实现不会惠及他人，他们的兴趣仅囿于一己之身。他们所谓的成功目标，不过是虚构的个人优越感，其"胜利"仅对自身有意义。杀人犯坦言，手握毒药时会感到大权在握，但显然这种重要性只存在于他们自己的认知中——对我们而言，持有一瓶毒药绝不会赋予自己更高的价值。

私人的意义实际上毫无意义。意义只存在于沟通之中：一个仅对个人有意义的词，本质上毫无意义。我们的目标与行动亦是如此——其全部意义仅在于对他人的意义。每个人都在追求存在价值，但若认识不到自身价值的全部内涵必须体现为对他人生命的贡献，就注定会误入歧途。

有一个关于一个小教派领袖的轶事。有一天，她将信徒们召集在一起，告诉他们世界末日将在下个星期三到来。她的信徒们深受震撼，卖掉了财产，抛弃了所有世俗的考虑，兴奋地等待着预言中的大灾难。星期三过去了，并没有发生什么不寻常的事情。星期四，他们集体前来要一个解释。"看看我们陷入了什么困境吧，"他们说。"我们放弃了所有的保障。我们告诉每一个遇到的人，世界末日将在星期三到来，当他们嘲笑我们时，我们并没有气馁，而是反复强调自己是听一个绝对可靠的权威说的。星期三已经过去了，世界仍然在我们周围。"但那位女先知说："我的星期三不是你们的星期三。"就这样，通过赋予一个私人意义，她使自己免受质疑。私人意义永远无法被检验。

所有真实的"人生意义"都有一个共同特征——它们都是能被他人共享的意义，是他人也能认可其价值的意义。对人生问题的圆满解答，总会为他人开辟道路；因为从中我们可以看到，共同的问题得到了成功的解决。即便是天才，也只能被定义为"极致的利他者"：只有当一个人的生命被他人认为具有重要价值时，我们才会称其为天才。这种人生所展现的意义永远都是："人生意味着——为整体做出贡献。"我们在此讨论的并非口头宣称的动机。我们要闭耳不听宣言，睁眼细看成就。那些能成功应对人生问题的人，其行为举止都充分而自然地表明：人生的意义在于关爱他人、精诚合作。他的一切行动似乎都以同胞的利益为导向；当遇到困难时，他只会选择那些符合人类福祉的方式来克服。

对许多人而言，这或许是个全新的视角——他们可能会质疑：我们赋予人生的意义是否真应该是奉献、关爱他人与合作？他们或许会问："那个体呢？若总是考虑他人、奉献自我，难道不会损害个体的发展吗？至少对某些人而言，若要健全发展，难道不该先考虑自身吗？难道我们中的某些人，不应该先学会维护自身利益或强化个性吗？"我认为这种观点大错特错，这个问题本身就是伪命题。如果一个人将人生意义定位于奉献，且情感都指向这个目标，他自然会努力完善自我以求最好地奉献。他会为追求目标而塑造自我，培养社会情感，并通过实践获得技能。目标既定，训练自随。唯有如此，他才能开始装备自己以解决人生的三大问题，发展各项能力。以爱情和婚姻为例。若我们真心关爱伴侣，致力于改善和丰富对方的人生，自然就会竭尽全力完善自我。反之，若认为必须在真空中发展个性，脱离奉献的目标，只会让自己变得专横跋扈、惹人生厌。

另一个迹象也表明，贡献才是人生的真正意义。如果我们环顾今天我们从祖先那里继承的遗产，我们看到的是什么？我们看到的是他们为无数其他人的人生所做的贡献。我们看到耕地，看到道路和建筑，看到他们在传统、哲学、科学和艺术以及处理人类境遇的技巧等方面的生活经验的交流成果。这些成果都是由那些为人类福祉做出贡献的人留下的。那么其他人呢？那些从不合作、赋予人生不同的意义、只问"我能从人生中得到什么"的人呢？他们身后没有留下任何痕迹。他们不仅死了；他们的整个人生都是徒劳的。就好像我们的地球亲自对他们说，"我们不需要你。你不适合在这里生活。你的目标、追求、珍视的价值观、你的思想和灵魂都没有未来。走开吧！没有人需要你。灭亡吧，消失吧！"对于那些赋予人生除合作之外任何其他意义的人来说，最终的评判总是，"你一无是处。没有人需要你。走开！"当然，在我们现今的文化中，我们可以发现许多不完美的地方。如果我们发现它不完美，我们就必须改变它；但这种改变必须始终是为了进一步增进人类的福祉。

总有一些人理解这个事实，他们知道人生的意义在于关注全人类的福祉，并努力培养社会兴趣和爱。在所有的宗教中，我们都能找到这种对人类救赎的关怀。在世界上所有伟大的运动中，人们一直在努力增强社会兴趣，而宗教正是这方面最伟大的努力之一。然而，宗教常常被曲解；除非更紧密地致力于这项共同任务，否则很难看到它们能做出比现在更多的贡献。个体心理学以科学的方式得出了相同的结论，并提出了一种科学的技术。我相信，这是向前迈进的一步。或许，心理学在增强一个人对他人和人类福祉的兴趣方面，能够比政治或宗教更接近目标。这些学科虽然从不同的角度来处理这个问题，但目标是一致的——提高一个人对他人的兴趣。

人生意义如同指引我们前行的守护天使，抑或如影随形的梦魇，它既可能成就我们，也可能摧毁我们。因此，深入探究这些意义如何形成、彼此差异何在，以及如何修正其中的重大谬误，便成为至关重要的课题。这正是心理学独特的价值所在——它不同于生理学或生物学，而是通过对意义的诠释及其对人类行为与命运的深远影响来造福人类。早在生命之初，我们就能观察到这种对"人生意义"的原始探索。襁褓中的婴儿已然开始评估自身能力及其在周遭世界中的位置。及至五岁，儿童的行为模式便已定型，形成独特的处世之道。此时，他对世界与自我的认知已确立最深刻、最持久的预期框架。从此，我们便透过这层固定的认知滤镜审视世界：所有经历在被接纳前都已被诠释，而这种诠释始终与最初赋予生命的意义保持一致。即便这种意义谬误百出，即便它带来的处世之道不断招致痛苦与不幸，我们仍会顽固坚守。要纠正这种错误认知，唯有重返最初形成误解的情境，直面谬误，重塑认知框架。极少数情况下，当错误方法导致的后果足够惨痛，个体或许会自发调整其人生意义。但通常情况下，若无社会压力或走投无路的绝境，这种转变几乎不可能发生。因此，要修正人生轨迹，最有效的方式莫过于寻求专业帮助——与深谙此道的专家共同追溯认知谬误的源头，携手构建更适合的人生意义。

　　让我们通过一个典型案例，揭示童年经历如何被赋予截然不同的诠释意义。面对相似的逆境，不同个体可能发展出完全相悖的生存哲学：

　　　　第一种人将苦难淬炼为生命的动力："正因经历过黑
　　暗，我更应努力创造光明，让下一代免受同样的痛苦"；
　　第二种人则被怨恨吞噬："命运待我刻薄，世人皆得偏爱，凭什么要我以善意回报这冷漠的世界"；第三种人沉溺于扭曲的自我补偿："童年的伤痕即是我的豁免权，过往的不幸足以抵消今日的一切过错"。

这种认知差异在亲子互动中尤为显著——有些父母会以"我当年都能吃苦，你们为何不能"的说教延续创伤，却意识不到这正是代际传递的心理桎梏。关键在于，除非当事人主动重构认知框架，否则行为模式将永远困在既定解读的牢笼中。个体心理学的革命性突破正在于此：它彻底颠覆了环境决定论。真正影响人生的不是经历本身，而是我们为经历赋予的诠释意义。创伤的破坏力不在于事件本身，而在于我们从中提炼的生存策略。当我们把特定经历作为人生基石时，往往已经埋下了认知偏差的种子——不是情境决定意义，而是意义重塑情境。

然而，在童年时期，确实存在一些很容易让人产生严重误解的情境。大多数失败者都来自这些情境中的孩子。第一种容易形成错误人生意义的是那些有器官缺陷、在婴儿时期罹患疾病或虚弱的孩子。这样的孩子负担过重，他们很难觉得人生的意义在于贡献。除非他们身边有人能将他们的注意力从自己身上移开，让他们对他人产生兴趣，否则他们很可能会只关注自己的感受。后来，他们可能会通过与周围的人比较而感到沮丧，甚至在我们当今的文明中，他们的自卑感可能会因为同伴的同情、嘲笑或回避而加重。在这些情况下，他们可能会封闭自我，失去在日常生活中发光、发热的希望，并认为自己在这个世界上遭到了人格上的羞辱。

作为最早地系统研究器官缺陷及内分泌异常儿童困境的学者，我见证了这一领域的长足发展，却也不无遗憾地发现其偏离了我最初的学术理想。自研究伊始，我的核心关切始终在于探索克服困境的路径，而非将个体的挫败简单归咎于先天遗传或生理条件。必须强调：器官缺陷与错误生活方式之间绝非必然的因果关系。临床观察表明，即便是相同的腺体异常，对不同儿童产生的影响也迥然相异。更值得注意的是，许多孩子正是在克服生理障碍的过程中，淬炼出非凡的才能与价值创造力。这一发现使得个体心理学与优生学主张形成了本质分野——人类文明史上，恰恰是那些饱受病痛折磨却奋力突破局限的个体，往往成为推动文化进步的杰出贡献者。他们中不乏体弱多病甚至英年早逝者，但正是这种与命运抗争的过程，锻造出超越常人的精神力量与创造潜能。然而可悲的现实是，多数存在先天生理缺陷的儿童至今仍未能获得恰当引导。当教育者未能理解其特殊困境，当这些孩子长期陷于自我关注的封闭循环时，生理局限便极易转化为心理发展的障碍——这也正是为何在此群体中我们目睹了过高比例的失败案例。这提醒我们：决定心智发展轨迹的关键，从来不在生理条件本身，而在于我们如何诠释与应对这些条件。

第二种经常导致赋予人生错误意义的情况是娇生惯养孩子。被宠溺的孩子习惯于期待自己的愿望会被视为法律。他无需努力就能获得重要地位，并且通常会认为这种重要地位是生来就有的权利。因此，当他遇到不是以他为中心，或者别人不把考虑他的感受当作主要目标的环境时，他就会感到非常迷茫：他会觉得自己所处的世界辜负了他。他接受的训练是期望得到，而非付出。他从未学过用其他方式解决问题。其他人一直对他百依百顺，以至于他失去了独立性，不知道自食其力。他的兴趣集中在自己身上，从未学会合作的重要性和必要性。当他面对各种困难时，他只有一种方法来应对——向别人提出各种要求。在他看来，只有重新获得重要的地位，强迫别人承认他是一个特殊的人，同时得到自己想要的一切时，他的处境才会改善。

这些长大成人的被宠坏的孩子，可能是我们的群体中最危险的一类人。他们中的一些人可能会大肆宣扬自己的善意；他们甚至可能变得非常"可爱"，以此来获取欺压他人的机会；但他们拒绝像普通人一样，在日常事务中与他人合作。还有一些人更加公开地反抗：当他们不再找到曾经习以为常的那种温暖和顺从时，他们会感到被背叛了；他们认为社会对他们抱有敌意，并试图报复所有的同伴。如果社会对他们的生活方式表现出敌意（这几乎是不可避免的），他们就会将这种敌意视为自己受到人身伤害的新证据。这就是为什么惩罚总是对他们无效的原因；惩罚只会证实他们的观点："别人都在跟我作对"。然而，无论这个被宠坏的孩子是选择抗拒还是公开反抗，是试图通过示弱来支配他人，还是通过暴力进行报复，他实际上都在犯着同样的错误。事实上，我们确实发现有人在不同时间尝试这两种方法。他们的目标始终是不变的。他们觉得，"人生的意义在于成为第一，得到他人的认可，得到我想要的一切"，只要他们继续赋予人生这样的意义，他们采取的每一种方法都将是错误的。

第三种容易形成错误人生意义的是被忽视的孩子。这样的孩子从来不知道什么是爱与合作：他对生活的理解不包括这些友好的力量。可以理解的是，当他面对人生的各种问题时，他会高估问题的难度，低估自己在他人的帮助和善意下解决问题的能力。他发现社会对他是冷漠的，并认为社会会永远对他冷漠。特别是，他不会看到，自己可以通过为他人做事来赢得他人的喜爱和尊重。因此，他会对别人产生怀疑，并难以信任自己。事实上，没有任何经历可以取代无私的爱。母亲的首要任务是让她的孩子体验到他人是值得信赖的。随后，她必须拓宽和加深这种信任感，直到它涵盖孩子的整个生活环境。如果她在第一个任务——赢得孩子的兴趣、喜爱与合作——上失败了，孩子就很难对他的同伴产生社会兴趣和同伴之情。每个人都有关心他人的能力，但这种能力必须得到训练和锻炼，否则其发展就会受阻。

倘若我们考察那些彻底被忽视、遭人厌弃或从未被接纳的儿童群体，便会发现一个令人心碎的共同特征：他们完全丧失了合作意识，生活在与世隔绝的孤岛中，既无法与人沟通，也不具备任何促进人际协作的能力。然而，正如前文所述，人类根本无法在这种绝对孤立的状态下生存——一个孩子能够存活过婴儿期，本身就证明他曾获得最基本的照料与关爱。因此，所谓"完全被忽视的儿童"更多是理论上的假设。现实中我们遇到的，往往是那些在特定方面缺乏关爱，或在某些维度被选择性忽视的个案。这些孩子最根本的悲剧在于：他们从未在生命中遇到一个真正值得托付与信赖的成人。更令人痛心的是，在现代文明社会中，大量沦为社会失败者的孤儿与非婚生子女，恰恰构成了这类"被忽视儿童"的主体人群。

在这三种情况下——有器官缺陷、被溺爱和被忽视——个体会给人生赋予错误的意义，而在这些情况下成长的孩子几乎总是需要帮助，以修正他们解决问题的方式。他们必须得到帮助，以赋予人生更好的意义。如果我们能敏锐地察觉这些事情——这实际上意味着，如果我们对他们有真正的兴趣，并且在这方面训练过自己——我们就能从他们做的每件事情中看出他们秉持的人生意义。梦境和联想可能会有所帮助：梦中的人格与清醒时的人格是一样的，但在梦中，社会需求的压力不那么紧迫，人格会在更少的保护和掩饰下显露出来。然而，在迅速理解一个人赋予自己以及人生的意义时，最大的帮助是他的记忆。每一段记忆，无论他认为多么微不足道，对他来说都代表着一些值得铭记的东西。它之所以值得铭记，是因为它与他所描绘的人生息息相关；它对他说，"这就是你必须期待的"，或者"这就是你必须避免的"，或者"人生就是这样！"我们必须再次强调，经历本身并不重要，重要的是这种经历在记忆中持续存在，并被用来具体化人生的意义。每段记忆都是一份纪念。

童年时期的早期记忆具有独特的心理学价值，它们犹如一扇窗口，让我们得以窥见个体人生观的雏形及其形成环境。在众多记忆片段中，最早期的记忆占据着特殊地位，其重要性主要体现在两个方面：首先，这些记忆凝结着个体对自我与环境的最初认知框架。它们不仅记录了人生第一次完整的自我评价，更包含着对周遭世界的基本判断，以及个体对生活要求的原始理解。这种认知犹如人生的第一幅心理地图，奠定了后续发展的基础坐标。其次，这些记忆标志着主观世界的发端，是个人自传体叙事的开篇之作。分析这些记忆时，我们往往能发现一个鲜明的心理对照：一边是对自身脆弱性的原始感知，另一边则是对力量与安全的本能追求。需要特别说明的是，从心理学视角来看，所谓"最早记忆"是否确为时序上的第一事件，甚至是否真实发生，都不影响其研究价值。记忆的真正意义在于个体如何诠释这些经历，以及这种诠释如何持续影响着当下的认知与未来的选择。

在这里，我们可以举几个关于早期记忆的例子，看看它们如何巩固了"人生的意义"的概念。"咖啡壶从桌子上掉下来，烫伤了我。"人生就是这样！这段创伤记忆折射出当事人将世界视为危机四伏的生存场域。持有这种记忆的女性往往表现出：根深蒂固的无助感；对生活危险性的过度评估；潜意识的受害者心态（"他人理应为我的安全负责"）。如果她在内心深处责怪其他人没有给予她足够的关心，我们也不应该感到惊讶。竟有人粗心大意，让如此小的孩子置身于如此危险之中！另一份早期记忆呈现了一个类似的世界图景："我记得自己3岁的时候从婴儿车里掉了出来。"伴随着早期记忆的是一个反复出现的梦，"世界就要迎来末日了，我在半夜醒来，发现天空被火照得通红。众星都掉了下来，地球要和另一个星球相撞了。但就在撞击前的那一刻，我醒了。"当被问及是否害怕什么时，这位学生回答说："我害怕自己的人生会失败。"很明显，他的早期记忆和反复出现的梦起到了泼冷水的作用，让他确信自己害怕失败和灾难。

一个12岁的男孩因为遗尿和不断与母亲发生冲突而被送到诊所，他给出的早期记忆是，"妈妈以为我迷路了，跑到街上大声喊我的名字，她非常害怕。其实我一直藏在家中的橱柜里。"在这段记忆中，我们可以解读出一种认知："人生意味着——获得关注需要通过制造麻烦，安全感来自操纵他人的情绪，被忽视者可以通过欺骗获得重视。"他的遗尿行为实质上是：维持关注度的有效策略，验证母亲焦虑反应的实验，确认"被担忧即安全"认知的循环强化。同前面的例子一样，这个男孩很早就感觉到外面的世界充满了危险，他的生存策略是这样演化的：早期危险感知 → 发展出"危机制造–获得保护"的互动模式 → 形成依赖性人格特质。

一个35岁女人的早期记忆如下："3岁那年，有一次我去地下室。当我身处黑暗中的楼梯上时，一个比我大一点的表哥打开了门，跟在我后面下来。我非常害怕他。"在这段记忆中，她似乎不习惯与其他孩子一起玩耍，尤其是与异性相处时，她会感到特别不自在。我们猜测她是独生女，结果证明这个猜测是正确的；而且她35岁了仍然没有结婚。

下面的早期记忆显示了更高层次的社会情感："我记得妈妈让我推着妹妹的婴儿车。"然而，在这个例子中，我们也可以发现一个迹象，即这个人只与相对较弱的人相处时才是自在的；而且她对母亲还存在依赖。家里如果有新生儿诞生，最好让大一点的孩子也参与到照顾新生儿中来，让他们对新生儿产生兴趣，并让他们分担照顾新生儿的责任。如果他们愿意合作，他们就不会觉得新生儿分走了父母对自己的关注，从而降低了自己的重要程度。

对陪伴的渴求，未必源于对他人的真诚关注。例如，当一位女孩回忆童年时说道："我常和姐姐及两位女性朋友一起玩耍。"表面看来，这似乎展现了一个正在发展社交能力的孩童形象；然而，当她坦言自己最大的恐惧是"被独自留下"时，我们得以洞察其行为背后的深层动机——对孤独的恐惧，而非对联结的真正向往。这一矛盾暗示着关键问题：她的社交行为可能并非源于自信的独立人格，而是对依赖的隐蔽需求。因此，我们必须进一步审视她行为中缺乏自主性的蛛丝马迹。

理解人生意义的过程，实则是解锁完整人格的关键所在。尽管性格恒定论者常宣称人的本性难以改变，但这种观点往往源于对生命真谛的片面认知。正如我们的研究所示，若不能识别最初的根本性认知偏差，任何理论探讨或临床干预都将徒劳无功。真正的转变之道，在于培养更具合作精神和勇气的生存方式。

合作能力不仅是预防神经症倾向的天然屏障，更是健全人格发展的基石。因此，我们必须重视儿童合作能力的系统培养：要为他们创造与同龄人自由互动的成长空间，在共同游戏和协作任务中发展社会情感。任何阻碍这种发展的因素都可能造成深远影响。以被过度溺爱的儿童为例，其自我中心的思维模式会延续至校园生活。这类儿童仅对能获得教师特殊关注的课程产生兴趣，只吸收他们认为有利的内容。随着成长，这种社会情感发展的缺陷将逐渐显现为适应能力的全面危机。当首次遭遇挫折时，他们往往选择逃避责任和独立性培养，最终在人生考验面前陷入束手无策的困境。

此刻苛责他的不足为时过早，唯有当他亲历这些缺陷带来的后果时，我们方能施以援手。正如我们不能要求一个从未接触地理知识的孩子在地理考试中取得佳绩，同样，我们也不能期待未经合作训练的孩子在面对需要协作的任务时表现出色。然而，人生的每个难题本质上都是合作的试金石，每一项使命都必须在人类社会共同体的语境下，以促进集体福祉的方式完成。只有那些理解生命的意义在于奉献的人，才能勇敢地面对困难，并更有可能取得成功。

如果教师、父母和心理学家能够理解人们在赋予人生意义时可能犯的错误，并且自身也能避免重蹈覆辙，我们就有理由相信，那些缺乏社会兴趣的孩子将能更清晰地认识自身能力与人生机遇。面对困境时，他们不会轻言放弃、寻求捷径、逃避责任或推诿他人；不会苛求特殊关照与怜悯，也不会因受挫而怀恨报复，更不会质疑："人生有何意义？我能得到什么？"相反，他们会坚定地说："人生需要我们自己塑造。这既是使命，也是我们力所能及之事。我们是自身行为的主宰。若需革新或更替，我们责无旁贷。"当人们以这种独立而协作的姿态面对人生时，人类社会的进步必将永无止境。

第二章　心灵与身体

　　人们一直在争论，是心灵支配身体还是身体支配心灵。哲学家们各立门户，或标榜唯心主义，或主张唯物主义，展开了绵延千年的理论交锋。然而时至今日，这个根本性问题依然悬而未决，持续困扰着思想界。在这一哲学困境中，个体心理学或许能提供独特的洞见——因为我们所面对的，正是身体和心灵之间动态的、活生生的相互作用。每一个前来寻求帮助的个体，都是身体、心灵统一的整体存在；若我们的治疗建立在错误的二元论基础上，必将徒劳无功。我们的理论必须植根于实践经验，并能在临床应用中经受检验。置身于这种身体、心灵互动的复杂场域中，我们面临着确立正确认知框架的重大挑战。

　　个体心理学的研究为这个古老的二元论难题带来了新的视角，使其超越了非此即彼的简单对立。我们的观察表明，心灵与身体实质上都是生命现象的不同表现形式——它们共同构成一个不可分割的整体。在这个动态系统中，我们逐渐认识到二者之间复杂的互动关系。生命本质上是一个持续发展的过程，单纯的生理成长远非其全部内涵。以植物为例：它们因根系固定而无法移动，这种生存方式决定了其不需要（即便存在）类似动物的心灵活动。设想一株植物能够预见危险——比如"有人正走过来要踩到我了"，这种预见能力对其毫无意义，因为它终究无法主动避开伤害。

然而，对于所有具备运动能力的生物而言，预见未来并据此调整行为的能力则具有显著的生存价值。正是这种对环境的主动适应和反应能力，使我们有充分理由推断：运动生物必然发展出了某种形式的心灵或灵魂。

> "你当然有知觉，
>
> 否则你无法行动。"
>
> —— (《哈姆雷特》，第 3 幕，第 4 场)

这种预见并指导行动方向的能力，是心灵的核心功能。一旦我们认识到这一点，我们就能够理解心灵是如何支配身体的——它为运动设定了目标。仅仅在每时每刻进行随机行动是远远不够的，奋斗必须有一个目标。既然决定行动方向的是心灵，因此它在人生中占据了主导的地位。同时，身体也影响着心灵；而让身体行动的一定是心灵。心灵只能按照身体具备的可能性，以及身体经过训练后能够发展的能力来控制身体。例如，如果心灵打算让身体移动到月球上去，它将会失败，除非它发现了一种摆脱各种身体限制的方法。

相较于其他生物，人类更热衷于行动。他们不仅运动方式多样——从他们双手的复杂运动中可见一斑——而且他们还能通过行动，更有力地改变周围的环境。因此，我们可以知道，预见未来的能力在人类的心灵中会得到高度发展，并且人类也会给出最明确的证据，证明他们是有目的性地努力改善自己在整个环境中的总体地位。

此外，在每个人的内心深处，我们可以在所有追求部分目标的部分行为背后找到一种单一的无所不包的行动。我们所有的努力都是为了达到一种安全感，觉得已经克服了人生中所有的困难，并且最终在与周围环境的整体关系中，感到安全且胜利。为了实现这个目标，所有的行动和表达都必须协调一致，并形成一个整体：心灵被迫发展，仿佛要达到一个最终的理想目标。身体也是如此；身体也在努力成为一个整体。它也朝着在萌芽阶段就已经存在的理想目标发展。例如，只要皮肤受伤，那么整个身体都会忙于自我修复。然而，身体并非单靠自身发挥各种潜能：心灵可以在这一发展过程中提供帮助。运动、训练以及一般的卫生习惯都已经被证明是有价值的，这些都是心灵在努力实现最终目标时为身体提供的帮助。

从生命的第一天开始，直到生命的结束，这种成长与发展的合作关系从未间断。身体和心灵作为一个整体的不可分割的部分，相互协作。心灵就像一个发动机，牵引着它在身体中发现的所有潜能，帮助身体达到一种安全且超越一切困难的状态。在身体的每一个动作中，每一种表达和症状中，我们都可以看到心灵意图的印记。一个人是运动的。而他的运动是有意义的。他让自己的眼睛、舌头、面部肌肉运动。他的面部表情有意义。正是心灵赋予了它们意义。现在我们可以开始理解心理学或心灵科学真正涉及的是什么。心理学的领域是探索个人的所有表现涉及的意义，找到其目标的关键，并将其与他人的目标进行比较。

在追求安全的终极目标过程中，心灵始终在进行双重计算：既要确定安全的具体内涵，又要规划实现这一目标的最佳路径。这种心理机制本质上是一种风险评估——心灵必须精确界定安全的坐标点，并通过持续调整行为轨迹来接近这个目标。这种认知过程不可避免地存在误差空间，但值得注意的是，任何有意义的行动都必然以明确的目标导向为前提。例如，一个简单的举手动作，其背后必然存在着预先设定的行为意图。问题的复杂性在于，心灵所选择的行为方向可能在客观现实中导致灾难性后果，但这往往源于认知系统对"最优路径"的错误评估。因此，所有心理偏差本质上都是路径选择偏差。尽管人类共享相同的基本安全需求，但个体在安全坐标定位上的认知差异会导致行为策略的根本分歧——某些人由于误判安全方位，其具体行为反而会将其引向危险的境地。

在分析某个行为表现或症状时，若未能洞察其深层意义，最有效的研究方法是将其还原为最本质的行为模式。以偷窃行为为例，其核心特征是通过占有他人财物来满足自身需求。通过这一行为范式，我们可以逐步解构其心理动机。首先，分析行为目标，其旨在获取物质财富以增强安全感；其次，追溯心理动因，其源于深刻的匮乏感和被剥夺体验；再次，评估环境因素，探究诱发其匮乏感的具体生活情境；最后，诊断应对方式，检验其行为策略的适当性与有效性。值得注意的是，我们的分析重点不在于否定其追求安全感的终极目标，而在于揭示其为实现目标所选择的错误行为路径。

某一地区的人为适应环境而做出的改变，我们称之为地方文化；而我们的文化是人类的心灵向其身体所发起的所有行动的结果。我们的工作是由我们的心灵启发的；我们身体的发展是由我们的心灵指导和帮助的。最终，我们将无法找到任何一种不包含心灵目的性的人类表现。然而，心灵过分强调自身作用绝非明智之举。如果我们要克服困难，身体健康是必要的。因此，心灵被用来以这样的方式管理环境：让身体得到保护——使其免受疾病、死亡、伤害、事故和功能障碍的影响。这就是我们感觉快乐和痛苦、创造幻想以及辨别环境优劣的能力所服务的目的。情感使身体处于一种特定的准备状态，以便对不同情况做出相应的反应。幻想和身份认同不仅是预知未来的一种手段，它们还会根据身体将要采取的行动来激发情感。通过这种方式，个人的情感体现了他赋予人生的意义和他为自己的奋斗设定的目标。在很大程度上，尽管它们支配着身体，但并不依赖身体，而是始终依赖目标和由此形成的生活方式。

显然，生活方式并非塑造个体的唯一决定因素。单纯的态度本身并不足以引发具体症状，它需要其他因素的协同作用。态度必须得到情感的支撑和强化，才能真正转化为行动。个体心理学的独特贡献在于揭示了一个关键规律：情感始终与个体的生活方式保持内在一致性。只要目标存在，情感就必然会调整自身，以服务于目标的达成。这一发现使我们超越了纯粹的生理学或生物学范畴——情感的产生无法仅用生化反应来解释，也难以通过生化检测来预测。

在个体心理学的研究框架中，我们虽然承认生理过程的基础性存在，但更关注心理目标的驱动力量。我们的研究重点不在于焦虑如何影响自主神经系统的交感与副交感神经活动，而在于探究焦虑背后的深层目的及其最终导致的心理结果。

从这个角度来看，焦虑不能被视为性压抑的结果，也不是灾难性的分娩经历留下的产物。这样的解释是不中肯的。我们知道，一个习惯于母亲陪伴、帮助和支持的孩子可能会发现，焦虑——无论其来源是什么——都是控制母亲的一种非常有效的武器。我们对愤怒的生理描述并不满意；我们的经验告诉我们，愤怒是一种控制一个人或一种情境的手段。

我们可以看到每种身体和心灵表现都必须基于遗传材料，但是我们更加关注的是人们在努力实现某个明确目标时是如何使用这些材料的。这似乎是唯一真正的心理学方法。

我们可以从每个人身上观察到，情感总是沿着对其实现目标至关重要的方向和程度逐步发展并趋于成熟。个体的焦虑或勇气、欢愉或忧郁，无一例外地与其独特的生活方式保持着高度一致性：这些情感所呈现的强度与支配性，恰恰印证了其内在心理逻辑的必然性。举例而言，那些通过忧郁情绪来达成优越感目标的个体，永远无法从自身成就中获得真正的愉悦与满足——唯有沉浸在痛苦之中，他们才能获得扭曲的心理慰藉。更值得关注的是，人类情感具有显著的场景依赖性，它们会根据实际需要倏忽来去。以广场恐惧症患者为例，当其身处家中或处于支配地位时，焦虑症状便会神奇地消隐无踪。这种现象揭示了一个普遍的心理机制：所有神经症患者都在本能地规避那些可能暴露自身脆弱、阻碍其成为人生征服者的情境与挑战。

情感基调如同生活方式一般根深蒂固、难以改变。以懦夫为例，即便他对待弱者时表现得傲慢专横，或在他人庇护下佯装勇敢，其懦弱本质依然昭然若揭。这种人可能会在住所安装三重门锁、豢养警犬、设置捕兽夹，并信誓旦旦地宣称自己勇气可嘉。虽然无人能直接窥见他内心的惶恐，但这些过度防护的举措已然暴露出其性格中挥之不去的怯懦本质。

在性与爱的领域，这一规律同样得到印证。当个体试图接近其性目标时，与性相关的情感便会自然涌现。通过全神贯注于这一目标，他会本能地排除与之冲突的任务和不相容的兴趣，从而激活相应的情感与生理功能。反之，性功能障碍——如阳痿、早泄、性变态或性冷淡——恰恰源于个体未能摒弃不恰当的目标和干扰因素。这些异常现象无一例外地植根于错误的优越感追求和扭曲的生活方式。在此类案例中，我们往往能观察到一种消极等待他人体谅而非主动理解他人的倾向，社会情感的严重匮乏，以及在采取勇敢、乐观行动时的全面溃败。

我的一个病人是一位长期被罪恶感困扰的次子。这个男孩成长在一个将诚实视为至高美德的家庭——父亲和兄长都以正直著称。七岁那年，他向老师谎称独立完成了作业，而实际上作业得到了兄长的帮助。这个看似微小的谎言，却在他心中埋下了长达三年的心理负担。最终，他先是向老师坦白，却只换来宽容的微笑；而后又含泪向父亲忏悔，这次获得了热烈的赞许——父亲为他的诚实而自豪，给予了他充分的肯定与安慰。然而耐人寻味的是，即便获得了宽恕，男孩依然深陷自责。这个案例揭示了一个深刻的心理机制：男孩之所以对这件微不足道的小事如此耿耿于怀，实则是为了确立自己道德高尚的形象。在学业成就和社交魅力难以企及兄长的阴影下，家庭浓厚的道德氛围促使他另辟蹊径——通过极端化的自我苛责，来获取特殊的道德优越感。

这位患者的心理困境随着时间的推移不断深化。除了最初的谎言外，他又陷入了新的自责循环——手淫的困扰、考试时偶尔的作弊行为，都成为他道德焦虑的源头。每逢考试前夕，这种罪恶感便呈几何级数增长。渐渐地，他发展出一套独特的心理防御机制：通过放大自己的道德瑕疵，他那异常敏感的良知使他背负着比兄长更沉重的心理负担，从而为自身成就上的落差找到了看似合理的解释。大学毕业后，他本打算投身技术行业，但强迫性的罪恶感彻底吞噬了他的生活。日复一日的忏悔祷告占据了他所有时间，工作变得完全不可能。

当病情恶化到极点时，他被送进了精神病院，甚至被医生判定为"不可治愈的病例"。尽管后来症状有所缓解得以出院，他却主动要求在复发时能够再次入院——这暗示着他已将对疾病的依赖内化为生存策略。转行学习艺术史后，在临近考试的一个公共假日，他在教堂上演了极具戏剧性的一幕：当众扑倒在地，高喊"我是罪人中的罪魁"。这个行为艺术般的表演，再次成功地让众人注意到他那近乎病态的道德敏感。

在精神病院又待了一段时间后，他回到了家。有一天，他一丝不挂地下楼吃午饭。他身材壮硕，在这一点上，他可以和哥哥及其他人一较高下。

他的罪恶感不过是将自己伪装得比他人更诚实的手段，借此努力获得优越感。然而，他的努力是朝着人生中毫无意义的方面进行的。他对考试和职业工作的逃避表明了他的懦弱和强烈的自卑感；而他的整个神经症是有目的地避开担心失败的每一项活动。在教堂里的跪拜和进入餐厅时的哗众取宠，同样体现了他倾向于以同样的卑劣手段追求优越感。他的生活方式需要这些行为来支撑，而他由此产生的情感也完全合乎情理。

正如我们之前所见，个人正是在人生的头四五年里建立起自己心灵的统一，构建起心灵和身体之间的关系。他正在利用自身的遗传物质和来自环境的印象，使其适应于自己对优越感的追求。到5岁末，他的人格已经定型。他赋予人生的意义、他追求的目标、他的处事方式以及他的情绪状态都已经确定了下来。这些观念在日后或许可以改变；但前提是他能摆脱在童年时定型的错误观念。正如他之前的所有表现都和他对人生的诠释相一致，那么现在，如果他能够纠正错误，他的新表现也将和他的新诠释相一致。

个体通过感觉器官与外界环境建立联系，并从中接收各种感知信息。因此，从一个人对身体机能的训练方式中，我们可以洞察他准备从环境中获取怎样的感知体验，以及他计划如何运用这些经验。通过观察他的视觉和听觉方式，分析哪些事物能够吸引他的注意力，我们就能更深入地理解他的心理世界。这正是肢体语言如此重要的原因——它们直观地展现了器官的训练程度及其在信息筛选中的运用方式。需要特别强调的是，所有的身体姿态都建立在特定的心理意义基础之上。

现在，我们可以对心理学的定义作进一步补充：心理学是理解个体对其身体感知所持态度的学科。由此，我们也能开始理解人类心智何以存在巨大差异。当身体难以适应环境要求时，心智往往将其视为沉重负担。因此，器官发育存在缺陷的儿童，其心理发展往往会遭遇超乎寻常的阻碍。他们的心智需要付出更多努力才能指挥身体去获取优越感——必须比常人更专注、更费神才能达成相同目标。这种过度的心理负荷容易导致他们变得自我中心与自私自利。当一个孩子持续被器官缺陷和行动障碍所困扰时，他就无暇关注外部世界。既缺乏时间也丧失自由去关心他人，最终导致其社会情感与合作能力的发展严重受限。

器官缺陷固然会造成诸多障碍，但这些障碍绝非不可改变的宿命。倘若心智能够主动进取，通过刻苦训练来克服困难，个体完全可能取得与常人比肩的成就。事实上，许多天生器官不健全的儿童，最终反而比身体健全者取得更大的成就——生理缺陷恰恰成了他们奋发向前的动力。举例而言，一个视力不佳的男孩可能会因视觉缺陷承受异常压力。正因如此，他会更专注于观察行为，对可见世界投注更多注意力，对辨别颜色和形状产生更浓厚的兴趣。最终，相较于从未需要费力观察细微差别的孩子，他反而获得了更为丰富的视觉经验。由此可见，有缺陷的器官反而可能成为巨大优势的源泉——但前提是心智必须找到克服困难的正确方法。众所周知，许多画家和诗人都曾饱受视力缺陷之苦。这些缺陷经过训练有素的心智调控后，最终使他们比视力正常者更能善用双眼。类似的补偿现象在未被识别出左撇子的儿童身上或许更为明显——在家中和入学初期，他们被迫使用并不灵便的右手进行书写、绘画和手工。然而，当心智被用来克服这类困难时，这只"不完美"的右手往往能发展出高超的艺术表现力。事实正是如此：许多左撇子儿童通过掌握正确方法，培养兴趣并勤加练习，最终练就了比常人更优美的书法、更出众的绘画天赋或更精湛的手工技艺，成功将劣势转化为优势。

唯有那些心系集体而非只关注自身的孩子，才能真正通过训练成功弥补缺陷。如果孩子仅仅想要摆脱困境，他们将永远停滞不前。只有当他们的努力有明确目标，且实现目标的意义远胜于途中的障碍时，才能始终保持勇气。问题的核心在于他们兴趣与注意力的指向——若向着外在目标奋进，他们自会磨炼出实现目标所需的能力。此时困难不过是成功路上待征服的关卡。反之，若沉溺于夸大自身缺陷，或仅为摆脱缺陷而挣扎，则永远无法取得实质进步。一只笨拙的右手不可能仅凭空想、祈愿或刻意回避就变得灵巧。唯有在实际成就的锻炼中才能获得真功夫，而这种锻炼的动力必须远超对笨拙现状的沮丧。要让孩子凝聚力量战胜困难，就必须为他确立超越自我的行动目标——这个目标应当根植于对现实的关注、对他人的关怀，以及与人合作的意愿。

我在研究肾脏系统发育不良的家族案例时，发现了一个关于遗传禀赋及其转化运用的典型案例。这些家族中的儿童常患有遗尿症——其器官缺陷确实存在：可能表现为肾脏或膀胱异常，或是伴随脊柱裂；而该区域皮肤的胎记或痣，往往也暗示着腰椎段的发育缺陷。然而，器官缺陷绝非遗尿症的全部成因。儿童并非器官的奴隶，他们以独特方式运用着自己的身体。例如，有些孩子仅在夜间尿床，白天却完全正常；当环境或父母态度改变时，这种行为可能突然消失。除非智力发育迟缓，否则只要儿童不再将器官缺陷用于错误目的，遗尿症完全可以克服。

然而，主要问题在于，患有遗尿症的孩子并没有得到鼓励去解决这个问题，而是被刺激着继续这种行为。一位善于引导的母亲可以给予孩子正确的训练；但如果母亲方法不当，这种不必要的缺陷就会持续存在。在肾脏或膀胱功能薄弱的家庭中，与排尿相关的一切常被过度强调——母亲们往往错误地竭力制止尿床行为。当孩子意识到这个行为被赋予特殊关注时，很可能会产生抗拒心理，这恰好为他提供了反抗此类教育的绝佳机会。孩子若抗拒父母的管教方式，总能找到他们最脆弱的环节进行攻击。德国一位著名社会学家发现，相当比例的罪犯出身于致力于遏制犯罪的家庭——法官、警察或狱警的子女中尤为常见。教师的孩子常表现出顽固的学习障碍，而根据我的临床观察，医生子女中出现神经症儿童、牧师家庭孕育不良少年的比例同样惊人。同理，当父母过度强调排尿问题时，孩子们就获得了一个明确的途径来宣示自我意志。

遗尿症也为我们提供了一个很好的例子，说明梦是如何被用来激起与我们打算采取的行动相符的情绪的。经常尿床的孩子会梦见他们已经起床去了厕所。这样一来，他们就为自己开脱了；现在他们完全有理由尿床。尿床的目的通常是吸引注意，使他人顺从，无论是白天还是夜晚，都占据他们的注意力。有时，这是为了与他们对抗；这种习惯是对某种敌意的宣示。从各个角度看，我们可以看到遗尿症实际上是一种创造性的表达；孩子是用他的膀胱而不是嘴巴在说话。器官上的缺陷不过是为他提供表达观点的手段而已。

以这种方式表达自己的孩子总是处于紧张状态。他们通常属于被宠坏了的孩子，已经失去了作为唯一焦点的地位。也许另一个孩子出生了，他们发现自己更难获得母亲的全部关注。因此，遗尿症代表着一种通过不愉快的方式与母亲建立更亲密联系的举动。它实际上是在说，"我并不像你想象的那么成熟；我仍然需要被照顾。"在不同的环境下，或有着不同的器官缺陷时，他们可能会选择其他方式。例如，他们可能会用声音与母亲建立联系，在这种情况下，他们晚上会不安和哭闹。有些孩子则会梦游、做噩梦、从床上掉下来，或者在晚上口渴要水喝。这些行为背后的心理背景是相似的。症状的选择部分取决于身体的情况，部分则取决于孩子对环境的态度。

这些案例很好地展示了心灵对身体施加的影响。心灵不仅可能影响特定身体症状的选择，还支配和影响着整个身体的构建。我们没有这个假设的直接证据，也很难看出如何才能证明这一点。然而，种种迹象似乎已经足够清晰。如果一个男孩是胆小的，他的胆怯会反映在他的整个成长过程中。他不会关心身体上的成就；或者更确切地说，他不会认为自己可能取得那些成就。因此，他不会想到以有效的方式锻炼肌肉，他会排斥一切通常会刺激肌肉发展的外界印象。而那些对肌肉训练感兴趣、愿意受到影响的孩子，身体素质会更好；而他，由于兴趣受阻，将会落后于他们。

通过以上分析，我们可以得出明确结论：身体的整体形态与发育过程都受到心智的深刻影响，并反映出心智的偏差或缺陷。我们常常能观察到某些身体表现——它们显然是心理缺陷的最终产物，是未能找到正确补偿方式的体现。

例如，我们可以确信内分泌腺体在生命最初四五年间就会受到心智影响。发育不全的腺体从来不会对行为产生强制性支配；相反，它们持续受到以下因素的调节：整体环境影响、儿童接收外界印象的倾向，以及心智在这种特殊情境中展现的创造性活动。

也许还有一个更容易被理解和接受的证据，因为它更加熟悉，并指向一种临时的表现，而非指向身体的某种固定特质。在一定程度上，每种情绪都会在身体上有所体现。个体会以某种可见的形式表现其情绪；可能是在姿态和态度上，可能是在面部表情上，也可能是在腿部和膝盖的颤抖上。类似的变化也可以在器官本身中发现。例如，当一个人脸红或脸色苍白时，血液循环就会受到影响。在愤怒、焦虑、悲伤或任何其他情绪中时，身体总是会做出反应，而且每个人的身体都有自己独特的语言。当一个人感到害怕时，他可能会发抖，也可能头发会竖起来，可能会心跳加速，也可能会出汗、窒息，声音嘶哑，身体蜷缩着并畏缩不前。有时身体的肌肉张力会受到影响，食欲减退，或引发呕吐。对某些人来说，在这种情绪下最容易受刺激的是膀胱，对另一些人来说，最容易受刺激的则是生殖器官。许多孩子在参加考试时，感觉生殖器官受到了刺激；而且众所周知，罪犯在犯罪后经常会去妓院，或者去找他们的情人。在科学领域，我们发现一些心理学家认为性和焦虑是相关的，而另一些心理学家认为二者毫无关联。他们的观点取决于个人经历；对一些人来说是性和焦虑是有联系的，而对另一些人来说则没有。

所有这些反应都属于不同类型，可以被视为有利或不利的。例如，在一次情绪爆发中，一个人希望尽快克服自己的缺陷。最好的方式似乎是去打击、指责或攻击另一个人。反过来，愤怒又会影响器官：动员它们采取行动或给它们施加额外的压力。有些人在生气时会伴有胃部不适，或面色涨红。他们的血液循环发生了如此大的变化，以至于会导致头痛。我们通常会发现偏头痛或习惯性头痛的背后隐藏着未被承认的愤怒或羞辱；对某些人来说，愤怒会导致三叉神经痛或癫痫发作。

我们从未全面探究过身体受到影响的方式，也可能永远无法完全了解它们。精神紧张会影响到自主神经系统。当紧张情绪出现时，自主神经系统就会有所行动。

一个人会敲击桌子、抽动嘴唇或撕碎纸张。如果他感到紧张，他就不得不以某种方式活动。咬铅笔或雪茄能让他宣泄自己的紧张情绪。这些动作表明，他觉得自己身处某种难以应对的情境。无论是面对陌生人时脸红，还是开始发抖，或是表现出抽搐，这些都是紧张的结果。通过自主神经系统，这种紧张传递到了整个身体；因此，每当产生情绪时，全身都会处于紧张状态。然而，这种紧张在各个部位的表现并不十分明显；只有在能观察到结果的部分，我们才称之为症状。如果我们仔细观察，就会发现身体的每一部分都参与了情绪的表达；而这些身体上的表现正是心灵和身体共同作用的结果。我们必须始终关注心灵对身体以及身体对心灵的这种相互作用，因为二者都是我们所关注的整体的一部分。

基于这些证据，我们可以合理推断：生活方式及其对应的情感倾向会对身体发育产生持续影响。如果一个孩子的生活方式确实在幼年时期就已定型，那么经验丰富的观察者应当能在其成年后的身体特征中发现相应的表现。勇敢者的身体会鲜明地体现其心理特质：他们的体格结构与众不同——肌肉张力更为强健，体态更为挺拔。姿态很可能对身体发育产生重大影响，这或许部分解释了其优越的肌肉状态。勇敢者的面部表情独具特色，最终连五官轮廓都会形成独特样貌。甚至头颅的形状，都可能因这种心理特质而发生改变。

如今，我们已难以否认心智能够影响大脑这一事实。病理学研究显示，当患者左脑半球受损导致读写能力丧失时，通过训练大脑其他区域仍可能恢复这些功能。常见的情况是：某人中风后，受损脑区虽无法修复，但大脑其他部分会产生代偿作用，重建器官功能，使大脑机能重获完整。这一发现对个体心理学的教育应用尤为重要——倘若心智能对大脑产生如此影响；倘若大脑仅仅是心智的工具（尽管是最重要的工具，但终究只是工具），那么我们就能找到开发与完善这一工具的途径。没有人会因与生俱来的大脑条件而终生受限：我们总能找到方法，让大脑更好地适应生活需求。

一个将目标设定在某个错误方向的心灵——例如，它没有发展合作的能力——将无法对大脑的成长产生积极的影响。因此，我们发现许多缺乏合作能力的孩子，在日后会表现出智力和理解能力的发展不足。由于成年人的整个举止反映了他在头四五年的人生中建立的生活方式的影响，我们可以清楚地看到他对人生的感知体系和他对人生赋予的意义，因此我们能够发现他在合作中遇到的障碍，并帮助纠正他的失败。在个体心理学中，我们已经朝着这门科学迈出了第一步。

众多学者都注意到心灵与身体之间存在某种恒定关联，但鲜有人深入探究两者间的内在联系机制。以克雷奇默（Kretschmer）的体型心理学研究为例，他系统性地论证了特定体型与相应心理特质的对应关系，并据此建立了经典的人类体质类型学。在其理论框架中，他将人类主要划分为若干典型类型，其中包括矮胖型——这类个体通常表现为圆脸、短鼻、易发胖的体型特征。正如尤里乌斯·恺撒所言：

> "让我身边围绕着那些肥胖的人吧，光着头的、夜里能安稳睡觉的人。"（《尤里乌斯·恺撒》，第一幕，第二场）

克雷奇默将此类体型与特定心理特征相关联，但其研究未能阐明这种关联的内在机制。在我们的社会环境中，具有此类体型者并不表现出器官缺陷的困扰——他们的身体条件完全适应当代文明。在生理层面，他们自觉与他人无异，对自身力量充满信心，既不紧张怯懦，若需抗争时亦自觉游刃有余。更重要的是，他们无需将他人视为敌手，也不必如临大敌般应对生活。某些心理学派会简单将

其归类为"外倾型人格"却不作解释。而我们认为，这类人之所以
呈现外倾特质，恰恰因其不受身体条件掣肘。

克雷奇默提出的另一对照类型是分裂样体质——这类人要么发
育迟缓，要么身材异常高大，长着鹰钩鼻与蛋形头颅。他认为这类
人通常孤僻内省；若出现精神障碍，则易发展为精神分裂症。他们
正应了恺撒那句名言：

"那边那个瘦削的卡西乌斯眼神饥渴/思虑过重，此辈
最是危险。"（《朱丽叶斯·恺撒》第一幕第二场）

这类人可能因器官缺陷而成长得更为自我中心、悲观且"内
倾"。他们或许曾渴求更多帮助，当发现未能获得足够关注时，便
滋生出怨恨与多疑。但正如克雷奇默所承认的，现实中存在大量混
合型案例——甚至有些肥胖型体质者也会表现出分裂样的心理特
征。若其成长环境以特殊方式施加压力，致使他们变得怯懦沮丧，
这种现象便不难理解。事实上，我们完全可能通过系统性的挫败教
育，将任何儿童塑造成具有分裂样行为特征的人。

若我们具备足够的经验积累，便能从个体的局部行为表现中准
确辨识其合作能力的高低。合作需求始终在无形中驱使着人类，尽
管尚未形成科学体系，但人们早已通过直觉捕捉到诸多能帮助我们
在纷乱生活中更好定位的线索。同样可见的是，在历史所有重大社
会变革之前，民众心智往往已先觉知调整的必要性，并自发为之努
力。当这种认知仅停留在本能层面时，极易产生谬误。人们总是不

自觉地排斥那些身体特征显著异常者——肢体畸形者或驼背者常遭歧视。这种潜意识里的偏见，实则源于对其合作能力的低估。这固然是重大认知偏差，但或许有其经验基础。由于当时尚未找到有效提升特殊群体合作能力的方法，他们的生理缺陷被过度放大，最终不幸成为世俗偏见的牺牲品。

现将我们的观点概述如下：在人生的头四五年里，孩子统一了自己的精神追求，建立了心灵与身体之间的根本联系。个体在成长过程中会形成一种固定的生活方式，并随之产生相应的情感和身体习惯模式。这种发展模式包含着不同程度的合作能力，而正是通过这种合作能力，我们得以评判和理解一个人。在所有失败案例中，最显著的共同特征就是合作能力的严重不足。现在我们可以对心理学下一个更有内涵的定义：心理学即理解合作缺陷的学问。由于心智是一个统一的整体，同一种生活方式贯穿于其所有表现之中，因此个体的所有情感和思想都必须与其生活方式保持一致。当我们看到某些看似引发问题，甚至违背个体自身利益的情感表现时，试图直接改变这些情感是徒劳无功的——因为这些情感正是其生活方式的真实反映，唯有改变生活方式本身，才能从根本上消除这些情感。

个体心理学为教育实践与临床治疗提供了独特的理论视角。其核心启示在于：任何有效的干预都必须超越对孤立症状的表层处理，而应当深入探究三个关键维度——个体整体生活方式的偏差、其对生命经验的诠释模式，以及面对身体、心灵与环境刺激时的反应机制。这才是心理学研究的本质要义。那些通过针刺观察跳跃反应、挠痒测试笑声强度的实验方法，尽管在现代心理学界颇为流行，却难以触及心理学的本质。此类手段或许能揭示某些心理特征，但唯有当这些特征与个体稳定的生活方式相关联时，才具有真正的心理学意义。生活方式才是心理学研究的正当对象与核心素材；其他研究取向本质上仍停留在生理学或生物学层面。这包括：刺激-反应研究范式、创伤经历影响追踪，以及遗传能力表现观察等研究路径。个体心理学聚焦于心理本体，即具有统整功能的心灵系统。我们着重考察：个体建构世界与自我的认知图式、其人生目标设定、奋斗方向选择，以及应对人生难题的策略模式。目前而言，评估合作能力的发展水平，仍是我们理解心理差异最有效的途径。

第三章　自卑感和优越感

　　"自卑情结"作为个体心理学最具突破性的理论建构之一，已然成为跨学派的心理学专业术语。这一概念被不同理论取向的心理从业者广泛采纳并应用于临床实践，但其理论内涵与实践价值是否被准确理解与恰当运用，仍值得深入探讨。在临床干预层面，简单告知来访者"你有自卑情结"不仅无助于问题解决，反而可能强化其消极自我认知——这种标签式的诊断既未揭示其生活方式中的具体困境，也未提供建设性的改变路径。有效的干预应当聚焦两个维度：一是精准识别其生活策略中呈现的特定挫败模式；二是在其勇气衰退的领域给予针对性赋能。需要特别强调的是，所有神经症患者都存在自卑情结，其本质差异不在于自卑感的有无，而体现在三个方面：何种情境会触发其社会适应功能的崩溃；对自身发展设定了怎样的限制性信念；以及采用何种非建设性的应对策略。这种诊断困境犹如告知头痛患者"你的问题是头痛"——看似准确却毫无临床价值。

许多神经症患者，如果被问是否会感到自卑，往往会回答"不会"。有些人甚至会回答"恰恰相反，我很清楚自己比周围的人优越"。但我们无需询问——只需观察其行为举止，便能洞悉他们为确证自身价值而采取的心理防御机制。以傲慢者为例，其行为背后往往潜藏着这样的心理独白："别人容易忽视我，我必须证明自己的重要性。"

若有人说话时手势夸张，我们则可推断其内心独白是："若不加强调，我的话语将毫无分量。"每个表现出优越姿态的个体背后，都隐藏着需要特殊掩饰的自卑感——就像害怕自己太矮小的人，会踮起脚尖试图显得高大。这种心理机制在儿童比较身高时尤为明显：担心自己矮小的孩子会绷直身体、竭力伸展，试图显得更高大。若直接询问："你是否觉得自己太矮小？"几乎不可能得到诚实的回答。他们通过这种身体语言的伪装，无意识地暴露了内心深处的由自卑带来的焦虑。

因此，这并不意味着自卑感强烈的人一定会表现得温顺、安静、克制、不惹人讨厌。自卑感可以通过千百种方式表现出来。也许我可以用三个第一次去动物园的孩子的轶事来说明这一点。当他们站在狮子笼前时，其中一个孩子缩在母亲的裙子后面，说："我想回家。"第二个孩子站在原地，脸色苍白，浑身发着抖说："我一点也不害怕。"第三个孩子凶狠地瞪着狮子，问母亲："我能不能朝它吐口水？"这三个孩子其实都感到自卑，但每个孩子都用自己的方式表达了自己的感受，这与他们的生活方式是一致的。

在某种程度上，我们所有人都有一些自卑感，因为我们都有想要改善的地方。如果我们能保持勇气，我们就应该通过最直接、最现实和最令人满意的方法来改善现状，摆脱自卑感。没有人能长期承受自卑感；这种感受会让人陷入紧张状态，迫使人们采取某种行动。但假设一个人感到气馁，假设他认为即使付出实际的努力也无法改善现状。他仍然无法忍受自卑感，他仍然会努力摆脱它，但他会尝试一些毫无进展的方法。他的目标是"超越各种困难"，但他并没有克服障碍，而是试图催眠自己，或者自我陶醉，让自己感觉优越。与此同时，他的自卑感会不断累积，因为产生这些自卑感的处境没有改变。挑衅仍然存在。他采取的每一步都会让他更加自欺欺人，所有的问题都会以更加紧迫的方式压在他的身上。如果我们不理解他的行为，就会认为它们毫无目的。它们不会给我们留下旨在改善情况的印象。然而，一旦我们看到他和所有人一样，都在为获得自足感而奋斗，但已经放弃了改变客观环境的希望，他所有的行为就开始变得连贯起来。如果他觉得自己软弱，他就会进入能让他感觉自己强大的环境中。他并不是为了变得更强、更自足而训练自己，而是为了在自己眼中显得更强大。他欺骗自己的努力只会获得部分成功。如果他觉得无法应对职业上的问题，他可能会试图通过在家里当一回暴君来证明自己的重要性。他可能会通过这种方式麻痹自己；但真正的自卑感仍然存在。它们仍然是由同样的处境引发的同样的自卑感。它们将是他精神生活中持久的潜流。在这种情况下，我们可以真正地谈论自卑情结。

现在是时候给自卑情结下一个定义了。自卑情结产生于一个人对某个问题无适当准备或能力去处理的时候，表现为他坚信自己无法解决该问题。从这个定义我们可以看出，愤怒、眼泪或道歉，都可能是自卑情结的表现。自卑感总会带来紧张情绪，从而促使个体产生追求优越感的补偿性行动，但这种行动不再是为了解决问题，而是朝向了人生中无益的一面。真正的问题将被搁置或排除在外。个体将试图限制自己的行动范围，更加专注于避免失败，而非追求成功。在面对困难时，他会给人犹豫不决、停滞不前，甚至退缩的印象。

这种态度在广场恐惧症的案例中表现得尤为明显。这种症状表现的信念是，"我无法走得太远，我必须让自己待在熟悉的环境中。人生充满了危险，我必须避开它们。"如果一个人始终秉持这种态度，他会将自己限制在一个房间里，或者终日卧床不起。面对困难时，最彻底的退缩表现就是自杀。在这种情况下，个体放弃面对人生的所有问题，表明自己无法改善自身处境的信念。当我们意识到自杀总是出于责备或报复时，便能理解自杀者内心对优越感的渴求。在每一个自杀案例中，我们总能找到某个被自杀者归咎为导致其死亡的人。就好像自杀者在说："我是所有人中最温柔、最敏感的，而你却对我残忍至极。"

在某种程度上，每个神经症患者都会限制自己的行动范围，并且限制自己与整个环境接触。他试图远离人生中的三个真正应该面临的问题，只将自己局限于他觉得自己能够掌控的环境中。通过这种方式，他为自己建造了一座狭小的避风港，关上门，在远离风、阳光和新鲜空气的地方度过一生。他是通过欺凌还是哭诉来掌控局面，取决于他受到的训练：他会选择最有效的方式来实现目的。有时，如果对一种方式不满意，他会尝试另一种。无论哪种情况，目标都是一样的——在不努力改善现状的情况下获得优越感。那些发现通过哭泣最能施虐的沮丧孩子，最终会成为爱哭鬼；爱哭鬼与成年抑郁症患者之间存在着直接的发展联系。眼泪和抱怨——我称之为"水力"手段——可以成为扰乱合作、使他人沦为奴隶的极其有力的武器。对于这类人，以及那些害羞、尴尬和怀有罪恶感的人来说，我们会发现自卑情结浮于表面；他们会欣然承认自己的软弱与无法自理。而他们想要隐藏的，则是其至高无上的目标，是不惜一切代价都要成为第一的渴望。另一方面，一个爱吹牛的孩子，表面上看似在展示自己的优越感，但如果我们审视其行为而非言语，很快就会发现那未被承认的自卑感。

所谓的"俄狄浦斯情结"，实质上不过是神经症患者"画地为牢"心理模式的一个特例。当个体畏惧面对广阔世界中的爱情课题时，他便永远无法真正解决这个问题。若将活动范围局限在家庭内部，其性欲表达自然也会囿于这个狭小天地——这完全不足为奇。这种源自内心不安的症候群表现为：患者始终无法将情感投注延伸至最熟悉的几个人之外，唯恐失去惯常的支配地位。俄狄浦斯情结的受害者往往是那些被母亲过度溺爱的孩子。他们从小被灌输"愿望即权利"的错觉，从未学会通过家庭之外的独立努力获取爱与认可。成年后，他们依然无法挣脱母亲的情感枷锁。在亲密关系中，他们寻求的不是平等伴侣，而是绝对服从的仆人——而最可靠的仆人，莫过于自己的母亲。事实上，我们完全可以在任何儿童身上诱发这种情结：只需母亲持续溺爱并阻隔其对外界的兴趣，同时父亲保持冷漠疏离即可。

　　神经症的所有症状都呈现出这种行动受限的特征。口吃者支吾的言语暴露了其犹豫不决的心态——残余的社会情感驱使他与人交往，而自我贬低的认知与对考验的恐惧却与社会情感相冲突，最终表现为言语踌躇。这种自卑情结的典型表现包括：学业滞后的儿童、而立之年仍无所事事的男女、逃避婚姻问题者、强迫症患者（他们必须重复相同动作），以及被日常任务压垮的失眠症患者。他们的共同点在于：自卑情结阻碍了其解决生活问题的进程。手淫、早泄、阳痿和性变态等行为，同样展现出一种停滞的生活方式，其根源在于对异性交往中可能暴露缺陷的恐惧。若追问"为何如此恐惧不足"，便会发现其背后潜藏的优越目标。答案只能是："因为个体为自己设定了过高的成功标准。"

　　我们已经说过，感到自卑本身并非异常。它们是人类追求更高地位的动力。以科学为例，只有当人们意识到自己的无知和需要预知未来时，科学才会产生。它是人类努力改善自身处境、更多地了解宇宙和控制宇宙的结果。事实上，我认为我们所有的人类文化都是建立在自卑感之上的。如果我们设想一位公正的观察者访问我们这个人类星球，他一定会得出这样的结论："这些人类，有他们所属的协会和机构，有他们为了安全而做出的一切努力，有遮风挡雨的屋顶、御寒的衣物、方便出行的街道——很明显，他们觉得自己是地球上所有栖息者中最软弱的。"在某种意义上，人类确实是所有生物中最软弱的。我们没有狮子或大猩猩的力量，不能独自应对生命中的困难。有些动物通过结群来弥补自身的弱点；而人类比世界上任何动物都需要更多样和更深层次的合作。人类的孩子尤为脆弱，需要多年的照料和保护。既然每个人都曾是全人类中最年轻、最弱小的成员，而且如果没有合作的话，人类将完全受制于所在的环境，由此我们可以理解，一个没有在合作中训练自己的孩子将不可避免地走向悲观以及根深蒂固的自卑情结。同时，我们也明白，即使是最具合作精神的个体，生活中也会不断出现问题。没有人能够达到优越的最终目标，或完全掌控自己的环境。人生太短暂了；我们的身体太脆弱了；人生的三大问题总是有更丰富、更充分的解决方案。我们总能找到解决办法，但永远无法满足于已有的成就。无论如何，奋斗都会继续，但对于那些具有合作精神的人来说，他们的奋斗将是充满希望且有贡献的，并且朝着真正改善我们的共同处境的方向前进。

我想，人们不必为无法最终达到生命的至高目标而忧心忡忡。试想，若某个人类个体或整体真能抵达毫无困境的境地，那样的生活必定索然无味——一切皆可预见，万事皆能筹算。明日不再有意外机遇，未来亦无值得期待之事。生命的趣味，恰源于种种不确定性。倘若我们全知全能，讨论与发现便将不复存在，科学终将停滞，周遭宇宙不过老生常谈。那些以未竟理想激励我们的艺术与宗教，也将失去存在的意义。值得庆幸的是，生命从不会如此轻易枯竭。人类的奋斗永无止境，我们总能发现或创造新课题，为合作与贡献开辟新天地。神经症患者却在一开始就陷入停滞——他们的解决方案始终停留在低级阶段，面临的困难自然与日俱增。而心智健全者则能不断积累更完善的解决方案，进而迎接新挑战，达成新突破。正是如此，他们得以造福他人：既不落于人后成为社会负担，也不苛求特殊关照；而是秉持勇气与独立精神，依循社会情感指引，坚定地解决人生课题。

每个人所追求的优越目标都具有鲜明的个人特质，这取决于他赋予生命的意义——而这种意义绝非言语所能道尽。它深植于个体的生活方式之中，如同自创的独特旋律般贯穿始终。个体在生活方式中并未明确表述其目标，使我们得以一劳永逸地界定；而是以隐晦的方式呈现，迫使我们必须从其蛛丝马迹中揣摩真意。理解生活方式，犹如品读诗人的作品。诗人虽借助文字表达，其真意却远超字面意思。我们必须透过字里行间，方能领会其弦外之音。同样地，对于个体生活方式这种至为深邃复杂的创造，心理学家必须培养"读心"的技艺——学会解读人生意义的艺术。在这精妙的诠释过程中，每个细微动作、每个表情变化，都可能成为破解生命密码的关键线索。

生命的真谛在人生最初四五年间便已悄然成形——这绝非通过精确计算获得，而是经由朦胧的摸索、难以名状的感觉，以及对细微线索的捕捉与解释的尝试。同样地，优越目标的设定也源于这种摸索与揣测：它是一种生命动力，一种动态趋向，而非清晰标注的固定坐标。无人能完全描述自己的优越目标。或许他知晓职业志向，但这仅是其追求的一小部分。即便目标已然具体化，实现路径仍有万千可能。以从医者为例：成为医生可蕴含多种意义——不仅是选择内科或病理学等专业方向，更体现在其行为中流露的利己与利他倾向。我们将观察到：他培养了多少助人能力，又设定了多少助人界限。这个职业选择实则是对某种特定自卑感的补偿；我们必须透过其职业表现及其他生活面向，推断出他究竟在补偿何种深层缺憾。

　　例如，我们常常发现，许多医生在童年时期就与死亡现象有过深刻接触——死亡作为人类不安全感的最极端体现，给他们留下了不可磨灭的印记。也许是兄弟或父母的离世，促使他们日后通过专业训练，为自己和他人寻找对抗死亡威胁的途径。另有些人可能选择教师作为具体职业目标，但教师之间的差异可谓天壤之别。社会情感薄弱的教师，其优越目标可能体现为支配弱者——唯有与比自己弱小、缺乏经验的人相处时，他们才能获得安全感。而具有高度社会情感的教师，则会以平等姿态对待学生，真正致力于促进人类福祉。教师的能力与兴趣差异所折射出的目标指向，其意义之重大已不言而喻。当目标具体化时，个人的潜能必然要受到裁剪与限定以适应这一目标；但完整的目标原型——人生意义与终极优越追求——总会突破这些限制，在任何条件下都寻找表达途径。就像一个永不枯竭的泉眼，它不断重塑着具体目标的形式，却始终保持着原型的本质力量。这种动态平衡正是个体心理发展的核心特征：既要在现实中确立具体方向，又要保持原型目标的超越性张力。

　　因此，对于每个人来说，我们都必须透过表象看本质。个体可能会改变实现目标的具体方式，正如他可能会改变具体目标的某一表现——他的职业一样。我们仍然必须寻找潜在的连贯性，寻找人格的统一性。这种统一性贯穿于所有表现之中。如果我们在不同的位置看一个不规则的三角形，每个位置似乎都呈现出一个完全不同的三角形；但如果我们仔细观察，就会发现三角形始终是同一个。原型也是如此：它的内容永远不会被任何单一的表现穷尽，但我们可以在其所有表现形式中将它识别出来。我们永远不能对一个人说："只要你做了这个或那个，你的优越感就会得到满足……"追求优越性是灵活的；实际上，一个人越接近健康和正常，当他在某个特定方向上受阻时，他就越能在其他方面找到新的突破口。只有神经质患者才会在表达具体的目标时觉得："我必须得到这个，否则便一无所有。"

我们不应该过于轻易地概括任何特定的追求优越的努力，但我们可以在所有目标中发现一个共同点——追求神性。有时我们会发现孩子们非常坦率地表达自己的想法，他们说："我想成为上帝。"很多哲学家也有过同样的想法；还有一些教育家希望将孩子们培养得像上帝一样。在古老的宗教教义中，同样可见这一目标；信徒通过修行接近神性。这种神性理想以一种较为谦逊的方式体现在"超人"的概念中，这一点很有启示意义——我就不多说了——尼采在发疯后给斯特林堡写了一封信，落款是"被钉在十字架上的我"。精神失常的人经常会无所顾忌地表达他们的优越目标：他们会声称"我是拿破仑"或"我是中国皇帝"。他们希望成为全世界的焦点，受到各方的关注，希望通过无线电与全世界联系，窃听所有对话，预知未来，成为超自然力量的载体。也许以更为合理的方式，这种神性追求可能表现为渴望无所不知、拥有全知全能的智慧，或是希望永垂不朽。无论我们是渴望延续尘世的人生，还是设想自己通过一次次转世重生投胎于人间，抑或是预见在另一个世界获得永生，这些期望都基于想成为上帝一样的存在。在宗教教义中，上帝是不朽的存在，超越所有时间和空间。我在这里讨论的不是这些观点是对是错：它们是对人生的各种阐释，是各种意义所在；在某种程度上，我们都陷入了这种意义中——上帝和神性。即使是无神论者，也希望征服上帝，高于上帝；我们可以看出，这是一种极其强烈的对优越的追求。

一旦追求优越的具体目标确立下来，个体的生活方式就不会再有错误。个体的习惯和表现恰恰是为了实现其具体目标而存在的，它们无可挑剔。每一个问题儿童、每一位神经症患者、每一个酗酒者、罪犯或性变态者都在以恰当的方式追求他们自认为能占据的优越地位。仅仅攻击他的症状是没有用的；因为这些症状正是为了达到目标而存在的。在一所学校，班上最懒惰的男孩被老师问道："你的学习成绩为什么这么差？"他回答说："只要我是这里最懒惰的孩子，你就会一直关注我。你从来不会关注那些从不扰乱课堂秩序、认真完成作业的好孩子。"只要他的目标是吸引注意、控制老师，他就找到了最好的方式。试图改变他的懒惰是毫无意义的；他需要靠懒惰来实现自己的目标。他是完全正确的，如果他改变了自己的行为，那才是真正的愚蠢。另一个男孩在家里非常听话，但看起来有些愚笨；他在学校里学习落后，在家里也不够机灵。他有一个比他大两岁的哥哥，两人的生活方式完全不同。哥哥聪明活泼，但总因鲁莽冒失而惹上麻烦。有一天，有人听到弟弟对哥哥说："我宁愿像现在这样愚蠢，也不愿像你这样冒失。"如果我们认识到他的目标是逃避麻烦，那么他的"愚笨"其实是非常明智的。

由于他很愚蠢，人们对他的要求降低了，即使他犯了错误，也不会受到责备。基于他的目标，如果他不变成一个傻瓜的话，那才是真正的愚蠢。

迄今为止，通常的治疗方法都是对症下药。个体心理学在医学和教育方面都完全反对这种态度。当一个孩子在算术方面落后，或者成绩很差时，我们的注意力会集中在这些点上，并试图改善他在这些方面的表现，但这是徒劳的。也许他是想打扰老师；或者干脆想通过被开除而逃避上学。如果我们在某个方面对他加以约束，他会找到新的方式来实现自己的目标。成年的神经症患者也是如此。假设他患有偏头痛，这种头痛对他来说可能非常有用，且可能在他最需要的时候出现。通过头痛，他可能会逃避解决社会问题；每当他面临与人打交道或是需要做出新决定的时候，头痛就会发作。同时，它们也可以帮助他在办公室员工、妻子和家人面前横行霸道。我们为什么要指望他放弃这种行之有效的"手段"呢？从他现在的角度来看，他给自己带来的痛苦不过是一种明智的投资，能为他带来所有他想要的回报。毫无疑问，我们可以通过给他一个震惊的解释来使他摆脱这种症状，就像有时通过电击或假手术来摆脱战后神经症患者的症状一样。也许医疗可以在这一点上缓解他的状况，让他更难继续维持自己选择的特定症状。但是，只要他的目标保持不变，就算他放弃了一个症状，他也一定会找到另一个。头痛"治愈"后，他会出现失眠或其他一些新的症状。只要他的目标不变，他就一定会继续追求它。确实存在一些神经症患者，他们能够以惊人的速度摆脱症状，并且毫不犹豫地接受新的症状。他们成了神经症的行家里手，不断地扩展自己的"症状"。阅读心理治疗书籍只会让他们产生一些他们还没有机会尝试的新的症状困扰。我们必须始终关注他们采用症状的目的，以及这个目的与优越感总体目标之间的一致性。

假设在我的课堂上，我叫人送来一把梯子，然后我爬上去，坐到黑板顶上。看到这一幕的人可能会想"阿德勒博士定是疯了"。他们不知道梯子是做什么用的，为什么我会爬上去，以及为什么我要以如此别扭的姿势坐着。但如果他们知道"他想坐在黑板上，是因为除非自己的身高高于别人，否则便会感到自卑；他只有在俯视全班同学时才会感到安心"，他们就不会认为我疯了。我其实是采取了一种绝佳的方式来实现我的目标。这时，梯子似乎成了一种非常明智的工具，而我攀爬梯子的举动也显得经过精心策划且执行得当。唯一让我显得疯狂的，可能就是我对优越感的解读。如果我能被别人说服，认为我选择的具体目标是错误的，那么我就可以改变自己的活动。但如果目标保持不变，即便梯子被拿走，我仍会尝试用椅子；如果连椅子也被拿走，我就会看看能不能通过跳跃、攀爬或用肌肉力量把自己拉上去。神经症患者亦是如此：他选择的手段并无不妥——这一点无可指摘。我们只能改进他的具体目标。目标一旦改变，心理习惯和态度也会随之改变。他将不再需要旧习惯和旧态度，取而代之的是与新目标相适应的新习惯和新态度。

让我举一个30岁女性的例子，她因焦虑和无法交友而前来求助。她无法解决就业问题，因此仍然是家庭的负担。她有时会找速记员或秘书之类的兼职工作，但可悲的是，她的雇主总是对她示爱，吓得她不得不离职。然而有一次，她找到了一份工作，老板对她没什么兴趣。但她却觉得备受屈辱，于是也辞去了这份工作。她接受过多年的心理治疗——我想，大概有8年之久——但治疗并未让她变得善于交际，也没有让她能够自食其力。

当我见到她时，我追溯了她童年早期的生活模式。如果不了解一个孩子，我们便无法理解一个成年人。她是家中最小的孩子，非常漂亮，被父母娇惯着。她父母当时非常富有，她只需说出自己的愿望，便会得到满足。"难怪，"我听了她的话后说，"你真是被当成公主一样被养大了。""这很奇怪，"她回答说，"每个人都叫我公主。"我问她最早的记忆是什么。她说："4岁那年，我记得我走出家门，看到一些孩子在玩游戏。每隔一段时间，他们就会跳起来喊道：'女巫来了。'我很害怕，回到家后，我问和我们住在一起的一位老妇人，世上是否真的有女巫。她回答说，'有的，女巫、小偷和强盗都有，他们都会来找你。'"从这句话中我们可以看出，她害怕独自待在家里，这种恐惧贯穿了她整个生活。她觉得自己还不够坚强，无法离开家，家人必须全方位地支持和照顾她。她的另一段早期记忆是："我有一位男钢琴老师；有一天他试图吻我。我停下了弹奏，跑去告诉母亲。从那以后，我再也不想弹钢琴了。"从这里我们也可以看出，她有意与男性保持距离；她的性发展是为了保护自己不受爱情的影响。她觉得陷入爱河是一种软弱。在这里我必须指出，许多人在恋爱时都会感到软弱；在某种程度上，他们的感觉是对的。如果我们陷入爱河，就必然会变得温柔，而我们对另一个人的兴趣会让我们容易受到干扰。只有以"我决不能示弱，决不能暴露自己"为优越感目标的人，才会避免爱情中的相互依赖。这样的人会刻意远离爱情，对爱情毫无准备。你经常会发现，如果他们觉得自己有陷入爱河的危险，他们就会将局势转为调侃。他们嬉笑打闹、戏弄那些让他们感到危险的人。通过这种方式，他们试图摆脱自己的软弱感。

这个女孩在考虑爱情和婚姻时也会感到软弱，因此，当在工作中男性向她示爱时，她受到的影响远比她需要的要强烈得多。除了逃离，她看不到别的出路。尚未解决这些烦恼，她的父母又相继去世，她公主般的生活几乎也走到了尽头。她设法找到亲戚来照顾自己，但她的处境已大不如前。过了一段时间，亲戚们便对她感到非常厌烦，不再给予她所需的关怀。她斥责他们，告诉他们让她一个人待着是多么危险，这样她才能避免被遗弃的悲剧。我相信，如果她的家人完全不再管她，她定会发疯。实现她的优越目标的唯一方式，就是强迫家人供养她，帮她排除生活中的一切困扰。她在自己心中不断想象："我不属于这个星球，而是属于另一个星球，我在那里是一位公主。这个可怜的地球并不懂我，也不承认我的重要性。"再向前一步，她便会精神失常；但只要她尚有些许积蓄，还有亲戚朋友愿意照顾她，就无需迈出最后那一步。

这里还有一个案例，我们可以清楚地辨识出自卑情结和优越情结。一个16岁的女孩被送到我这儿，她从六岁起就开始偷东西，12岁时便彻夜不归，与男孩们混迹于外。在她2岁的时候，父母经过漫长而激烈的争执后，终于离了婚。她和她母亲一起搬到了祖母家生活；而祖母则如往常般对她溺爱有加。她出生时，父母之间的斗争正处于白热化的阶段，母亲对她的到来并不高兴，也一直不喜欢自己的女儿，她们之间的关系很紧张。当这个女孩来见我时，我和她进行了友好的交谈。她告诉我："我不喜欢偷东西，也不喜欢和男孩们到处乱跑；但我必须让母亲知道，她管不住我。""你这样做是为了报复吗？"我问她。"我想是吧。"她回答说。她想证明自己比母亲强大；但她之所以有这个目标，正是因为她感到更弱小。她觉得母亲不喜欢自己，深受某种自卑情结的困扰。她能想到的唯一证明自己优越的方式就是制造麻烦。孩子偷窃或犯下其他罪行时，通常是出于报复。

一名15岁的女孩失踪了8天。找到她后，她被带到了少年法庭；在那里，她讲述了自己被一个男人绑架的故事，那个男人把她绑起来，囚禁在一个房间里整整8天。没有人相信她。医生与她进行了深入的交谈，劝她坦白真相。她因医生不相信她的故事而恼怒，扇了他一记耳光。当我见到她时，我问她想成为什么样的人，并表现出我只关心她自己的命运以及我能如何帮助她。当我让她讲讲自己的梦时，她笑着告诉我："我在一家地下酒吧。当我出来时，遇到了母亲。不久，我父亲也来了，我请求母亲将我藏起来，别让他看到我。"她害怕父亲，并且和他作对。他过去经常惩罚她；因为害怕受罚，她不得不撒谎。每当我们遇到撒谎的案例时，都会追溯到严厉的父母。除非感觉到真相是危险的，否则谎言本身将毫无意义。另外，我们也可以看出，这个女孩与母亲之间存在某种默契。她现在告诉我，有人诱骗她去地下酒吧，她在那里待了8天。她害怕向父亲坦白，但同时，她的行为也是出于想要战胜他的欲望。她觉得自己常常被迫屈从于父亲，只有通过伤害他，她才能感到自己是征服者。

对于那些错误地追求优越的人，我们如何才能帮助他们呢？如果我们认识到追求优越是所有人的共性，那么解决这个问题并不困难。我们可以设身处地为他们着想，并共情他们的挣扎。他们唯一的错误在于，将努力的方向放在了生活的无用之处。追求优越，是一切人类创造的动力，是一切文化贡献的源泉。整个人类生活都在沿着这条伟大的行动路线前进——从下到上，从负到正，从失败到胜利。然而，真正能够应对和克服生活难题的，是那些在追求中表现出倾向于让所有人受益、以一种使他人也获益的方式前进的人。如果我们以正确的方式与人相处，便会发现说服他们其实并不困难。归根结底，人类对于价值和成功的评判，都建立在合作的基础之上，这是人类的伟大共识。我们要求行为、理想、目标、行动和品质特点都应该服务于人类的合作。我们几乎找不到一个完全没有社会情感的人。就连神经症患者和罪犯也知晓这个公开的秘密，我们可以从他们费尽心思为自己的生活方式辩解或将责任推卸给他人中看到这一点。然而，他们失去了继续在人生有益之处前进的勇气。自卑情结告诉他们："你无法在合作中取得成功。"于是，他们便逃避人生的真正问题，转而投身于虚幻的斗争，以此来确信自己的力量。

在人类分工的广阔天地里，各种具体目标都有其存在价值。正如我们所见，每个目标或许都包含着些许偏差——我们总能找到可指摘之处。对某个孩子而言，优越感可能来自数学造诣；对另一个则源于艺术天赋；对第三个则系于体能优势。消化系统孱弱的孩子，可能将人生困境主要归结为营养问题。他的兴趣会转向食物领域，因为他认定这是改善处境的捷径。最终，他可能成为烹饪大师或营养学家。在这些特殊目标中，我们既能看到真实的补偿机制，也能观察到可能性的自我设限。以哲学家为例：他确实需要定期离群索居以进行思考和写作。但只要优越目标中包含着高度的社会情感，这种偏差就无伤大雅。毕竟，人类合作需要的正是多元化的卓越才能。

第四章　早期记忆

对优势地位的追求作为人格建构的核心密钥，必然显现在个体心理生活的每个面向。理解这一事实，为我们解读个体生活方式提供了双重助力：其一，我们可以从任意切入点着手——每个行为表现都会将我们引向同一个动机核心、同一段主旋律，整个人格正是围绕这个核心建构而成；其二，我们拥有了取之不尽的素材宝库。每句话语、每个念头、每份情感或每个动作，都在为我们提供理解的线索。即便因仓促判断某个表现而得出错误结论，也能通过其他无数表现进行验证与修正。正如考古学家通过陶器残片、生活遗迹、断壁残垣与莎草纸碎片，推断出已消亡古城的完整样貌；我们也在进行类似的整合工作——只不过研究的不是消逝的文明，而是活生生人格各要素的有机联系。这种人格整体会持续不断地向我们展现其意义的新面向，直到我们看清每个部分在整体中的位置之前，都无法最终确定单一表现的含义。但所有表现都在述说同一个故事，所有线索都在推动我们接近真相。就像交响乐中所有乐器最终都服务于主旋律的呈现，人格的每个碎片也都指向其核心追求。

理解一个人并不容易。个体心理学也许是所有心理学中最难学习和实践的。我们必须时刻聆听整体。我们必须保持怀疑，直到关键之处变得不言自明。我们必须从无数细小的迹象中搜集线索——从一个人进入房间的方式、打招呼和握手的方式、微笑的方式、走路的方式。我们或许会在某一点上误入歧途，但总有其他迹象纠正我们或证实我们。治疗本身就是一种合作练习，也是一次合作考验。我们只有真正对他人感兴趣才能取得成功。我们必须能够用他的眼睛观察、用他的耳朵倾听。他必须为我们的共同理解贡献自己的力量。我们必须和他一起找出他的态度和他的困难所在。即使我们自认为已经理解他，除非他也理解我们，否则我们无从证明自己是正确的。一部分的真相永远不是完整的真相；它表明我们的理解还不够充分。也许正是由于对这一点的误解，其他学派衍生出了"消极移情和积极移情"的概念，这些因素在个体心理治疗中从未出现过。娇惯一个习惯被娇惯的病人可能是一种容易赢得他的好感的方式，但他潜在的支配欲将会显现出来。如果我们忽视他、轻视他，很容易就会招致他的敌意：他可能会中断治疗，或者希望证明自己是对的，并且让我们后悔。无论是娇惯还是轻视他，我们都无法帮助他：我们必须向他展现一个人对另一个人的兴趣。再没有比这更真诚、更客观的兴趣了。为了他自己和他人的利益，我们必须和他合作，并且发现他的错误。为了达到这个目标，我们绝不能冒险激发"移情"，装作权威人士，或将他置于依赖和不负责任的境地。

　　在所有心理表现中，个人的记忆往往是最具揭示性的。记忆是个体随身携带的关乎自身的局限以及境遇之意义的提醒物。"没有偶然的记忆"：在接触到的无数印象中，个体只会选择记住那些感觉（无论多么模糊）与自己的境遇有关的印象。因此，他的记忆代表了他的"人生故事"；一个他反复向自己诉说的故事，用来警醒或安慰自己，让自己专注于目标，并借助过往经验，以一种已经检验过的行动方式去为自己未来可能的遭遇做好准备。在日常行为中，我们可以清楚地看到利用记忆来稳定情绪的作用。如果一个人遭受了失败而感到沮丧，他就会回想起以前的失败经历。如果他感到忧郁，他的所有记忆就都是忧郁的。当他开朗勇敢时，他会选择完全不同的记忆；他回忆起来的事件都是令人愉快的，它们证实了他的乐观态度。同样地，如果他感到自己面临一个问题，他会唤起一些记忆，这些记忆有助于创造他将要面对问题时的心境。因此，记忆在很大程度上可以起到与梦相同的作用。许多人在需要做出决策时，会梦见自己成功通过的各种考试。他们将自己的决定视为一种考验，并试图重塑之前成功时的情绪。在一个人的生活方式中，情绪的变化如何，他一般的情绪结构和平衡也是如何。一个抑郁症患者如果记得自己美好的时刻和成功，就不可能一直忧郁下去。他之所以会对自己说："我的一生都很不幸。"是因为他只选择记住那些可以解释为其不幸命运的事件。记忆永远不会与生活方式相悖。如果一个人追求优越的目标需要他感觉"其他人总是羞辱我"，他就会选择记住那些可以解释为羞辱的事件。只要他的生活方式改变了，他的记忆也会随之改变；他会记住不同的事件，或者对他记得的事件做出不同的解释。

童年经历具有特殊的意义。首先，它们展现了生活最初的形态及其最简单的形式。我们可以从中判断孩子是被宠溺了，还是被忽视了；他在多大程度上接受了与他人合作的训练；他更喜欢与谁合作；他面临着什么问题，以及他是如何与之抗争的。在一个患有视觉障碍、训练自己更加细致地观察的孩子的早期回忆中，我们会发现各种视觉性的印象。他的回忆会从"我环顾四周……"开始，或者描述很多颜色和形状。一个在行动上有困难、渴望行走、跑步或跳跃的孩子，会在他的回忆中流露出对这些活动的兴趣。其次，人们记住的童年时期的事件，必然与其主要兴趣密切相关；如果我们知道他的主要兴趣，就能知道他的目标和生活方式。这一事实使早期回忆在职业指导中具有重要价值。此外，我们还可以发现孩子与母亲、父亲和其他家庭成员之间的关系。记忆的准确与否并不重要；最重要的是它们代表了个人的判断："甚至在童年，我就是这样的人"，或者"甚至在童年，我就发现世界是这样的。"

最具启发性的是他开启人生故事的方式，即他能回忆起的最早的事件。最初的记忆展现了个体对人生的根本认知是其人生态度首次令人满意的结晶化呈现。它为我们提供了一个机会，使我们能够一眼看出他是以什么作为自己发展的起点。我绝不会在没有询问早期记忆的情况下去研究一个人的性格。有时人们可能不回答，或声称不知道哪个事件是早期记忆；但这本身就很能说明问题。我们可以得出结论，他们不愿意讨论自己最基本的想法，也没有准备好与他人合作。在大多数情况下，人们非常乐意讨论自己的早期记忆。

他们将这些记忆视为纯粹的事实，而没有意识到其中隐藏的意义。几乎没有人真正理解自己的早期记忆，因此，大多数人能够透过他们的早期记忆，以一种完全中立且不尴尬的方式坦白他们的人生目标、与他人的关系以及他们对环境的看法。关于早期记忆的另一个有趣之处在于，它们的凝练与简洁使我们能够将其用于大规模调查。我们可以让全班同学写下他们最早的回忆；如果我们知道如何解读它们，就能对每个孩子有一个极其宝贵的了解。

　　为了说明问题，让我举几个关于最初记忆的例子，并尝试对其进行解读。除了他们讲述的记忆之外，我对这些个体一无所知——甚至不知道他们是孩子还是成人。我们在他们的最初记忆中发现的意义将需要通过他们个性的其他表现来核实；但是我们可以利用这些记忆进行训练，并以此来提高我们的猜测能力。我们将知道什么可能是真实的，并且能够将一个记忆与另一个记忆进行比较。特别是，我们将能够看出一个人是在培养合作精神还是与之相悖，他是勇敢还是气馁，是否希望得到支持和关注，还是希望自己独立和自主；他是愿意付出还是只渴望接受。

　　1.“自从我姐姐……”重要的是要注意，在早期记忆中出现的有哪些人。当姐姐出现时，我们可以肯定，个体在很大程度上受到了她的影响。姐姐给另一个孩子的成长蒙上了阴影。通常我们会发现两人之间存在竞争，就好像他们在比赛一样；我们可以理解，这种竞争关系会给孩子的成长带来额外的困难。当孩子忙于竞争时，他无法像在友谊的基础上进行合作时那样对他人产生兴趣。不过，我们不能妄下定论：也许这两个孩子是好朋友。

"由于我妹妹和我是家中最小的两个孩子，我不被允许上学，直到她（较小的那个）长到可以上学的年龄。"现在这种竞争关系变得明显了。我的妹妹阻碍了我！她比我小，而我却不得不等她。她限制了我的发展！如果这真的是这段记忆的意义，我们应该期待这个女孩或男孩会感觉到，"当有人限制我、阻碍我自由发展时，那便是我的人生中最大的危险。"作者可能是个女孩。因为要求男孩等年幼的妹妹可以上学时再去上学的可能性较小。

"因此，我们被安排在同一天入学"。然而，这种教育安排很难说是最适合这位处于特殊处境女孩的最佳选择。这种延迟入学的做法很可能在她心中埋下了自卑的种子——让她误以为年长的自己注定会落后于他人。至少，从这位女孩的反应来看，她确实产生了这样的认知。她不仅感到自己被忽视，更痛苦地意识到妹妹似乎获得了更多关注。这种被冷落感自然引发了她的怨怼，而这份怨气最可能指向的，就是她的母亲。值得注意的是，若观察到她日后更亲近父亲，并试图通过种种方式争取父亲的偏爱，我们也丝毫不会感到意外。

"我清楚地记得，母亲告诉大家，在我们上学的第一天，她是多么孤单。她说，'那天下午我多次跑到大门口张望，想看看女儿们什么时候回来。我只是觉得她们永远不会回来了。'"这是对一位母亲的描述，一个并没有显示出她特别理智的描述。这是女孩对自己母亲的描绘。"我们认为女儿们永远不会回来了"——母亲显然很疼爱女儿们，女儿们也知道母亲的疼爱；但同时也暴露了她的焦虑与紧张。如果我们能和这个女孩交谈，她定能告诉我们更多关于母亲偏爱妹妹的事情。这种偏爱并不会让我们感到惊讶，因为最小的孩子几乎总是被父母宠溺的。从这段最初记忆的整体来看，我应该得出结论，两姐妹中姐姐因为妹妹的竞争而觉得受到了阻碍。在姐姐以后的人生中，我们可能会在她身上发现嫉妒和害怕竞争的迹象。如果我们发现她不喜欢比自己年轻的女性，也不会感到意外。有些人这一生总感觉自己太老了，很多嫉妒心强的女性在与比自己年轻的女性相处时会感到自卑。

2. "我最早的记忆是3岁时参加祖父的葬礼。"这是一个女孩写的。死亡这个事实给她留下了深刻的印象。这意味着什么？她将死亡看作人生中最大的不确定性、最大的危险。她从童年发生的事件中得出的教训是："祖父也会死去。"我们或许可以推测，她是祖父的最爱，他娇惯她。祖父母几乎总会娇惯孙辈。他们对孙子的责任感不像孩子的父母那么强烈，而且他们往往希望与孩子们建立亲密的关系，并向别人展示他们仍然有能力获得爱。在我们的文化中，老年人很难确信自己的价值，所以他们有时会通过简单的方式——比如发牢骚——来寻求肯定。我们可以推断，这位祖父在女孩婴儿时期对她过于溺爱，这种溺爱使他深深刻在她的记忆中。当祖父去世时，她感觉受到了沉重的打击。她失去了一位依靠和盟友。

"我清晰地记得看到他躺在棺材里，如此安详、如此苍白。"我不太确定让一个3岁大的孩子看到逝者是否合适。至少应该让孩子做好心理准备。孩子们常告诉我，他们对看到某个死去的人印象深刻，并且永远无法忘记。这个女孩亦是如此。这样的孩子会努力减轻或克服死亡带来的恐惧。他们常常立志成为医生。他们觉得，医生比别人更擅长与死亡抗争。如果问一位医生他的早期记忆是什么，经常会包括某种关于死亡的回忆。"躺在棺材里如此安详、如此苍白"——一个视觉上的记忆。这个女孩可能是视觉型的，对观察世界感兴趣。

"然后在坟墓里，当棺材被缓缓降下时，我记得那些从粗糙的棺材底下被抽出来的带子。"她再次告诉我们自己看到了什么；我们更加确信她是视觉型的人。"这种经历似乎让我对提到任何已经离世的亲人、朋友或熟人时都感到恐惧不已。"

我们再次注意到死亡给她留下的深刻印象。如果我有机会与她交谈，我会问："你将来想成为什么样的人？"也许她会回答："一名医生。"如果她不回答或回避这个问题，那么我就会建议："你不想成为医生或护士吗？"当她提到"来世"时，我们可以看到这是一种对死亡恐惧的补偿方式。从她整体的记忆中，我们了解到，她的祖父对她很友善，她是一个视觉型的人，并且死亡在她心中占据了重要地位。她从人生中得出的结论是："我们终将一死。"这无疑是正确的，但并非每个人的主要兴趣都是相同的。还有其他值得我们关注的方面。

3. "我3岁的时候，父亲……"一开始她就提到了父亲。我们可以推测这个女孩对母亲更感兴趣，而非父亲。对父亲的兴趣总是发展的第二个阶段。起初，孩子对母亲更感兴趣，因为在头一两年，孩子和母亲的合作是非常密切的。孩子需要母亲，依恋母亲；孩子所有的心理需求都与母亲紧密相关。如果孩子转向父亲，母亲就输掉了这场较量。这意味着孩子对当前的状况感到不满，通常是因为弟弟或妹妹的出生。如果在这段回忆中我们听到有弟弟或妹妹的存在，那么我们的猜测就会得到证实。

"父亲为我们买了一对小马。"不止一个孩子，我们很有兴趣听听另一个孩子的情况。"他拽着缰绳将它们领到了房子前。我姐姐比我大3岁……"我们必须修正之前的解释。我们原以为这个女孩是姐姐，结果证明她是妹妹。也许姐姐是母亲的最爱，这就是女孩提到父亲和作为礼物的两匹小马的原因。

"我姐姐拉着一匹小马得意扬扬地走上街去。"姐姐在这里获得了胜利。"我自己的小马在后面追，但我跟不上它的速度"——这就是姐姐领先时造成的后果！——"结果小马将我拖倒在地上，我脸朝下摔在泥土里。这对我来说是一次期待已久的经历，却以如此不光彩的方式结束。"姐姐战胜了妹妹，她赢了一分。我们可以完全确定，这个女孩的意思是："如果我不小心，我的姐姐就总是会赢。我总是失败的一方，总是摔在泥土里。唯一安全的方式就是成为第一。"我们也可以理解，姐姐在母亲那里获胜了；这就是妹妹转向父亲的原因。

"后来我在骑马方面超过了姐姐，但这丝毫没有减轻我当时的失望。"我们之前的所有推测现在都得到了证实。我们可以看到两个姐妹之间存在一种竞争。妹妹感觉到："我总是落在后面，我必须努力赶上去。我必须超越其他人。"这就是我所描述的类型，在第二个或最小的孩子中非常普遍，他们总是有一个自己的参照物，并总是试图超越它。这个女孩的记忆加强了她的态度。它对她说："如果有人领先于我，我就有危险。我必须永远是第一名。"

4. "我最早的回忆是我大姐带我去参加派对和其他社交活动的片段，当我出生时，她大约18岁。"这个女孩记得自己是社会的一部分；也许我们会在这段记忆中发现比其他记忆更高程度的合作。她的姐姐比她大18岁，对她来说就像母亲一样。她是家里最娇惯妹妹的人；不过，她似乎以一种非常聪明的方式扩大了这个孩子的兴趣圈子。

"因为在我出生前，我的姐姐是我们家的4个兄弟姐妹中唯一的女孩，所以她自然很乐意炫耀我。"这听起来远不及我们一开始想的那么好。当一个孩子"被炫耀"时，她可能会对被欣赏感兴趣，而不是对贡献感兴趣。"因此，她在我相对年幼的时候就带着我四处走动。我唯一能记住的关于这些聚会的事情是，人们不断催促我说话：'告诉那位女士你的名字'等。"这是一种错误的教育方法——如果发现这个女孩口吃或有说话困难的话，我们不会感到意外。当一个孩子口吃时，通常是因为人们对她的话表现出过多的兴趣。她没有以自然、无压力的方式与他人交流，而是被教导要有自我意识，寻求别人对自己的欣赏。

"我还记得，回到家后我什么话也不说，总是受到责骂，因此我开始讨厌外出和人见面。"我们的解释必须完全修正。我们现在可以看出，她早期记忆背后的含义是："我被带到外面和他人接触，但我发现这很不愉快。由于这些经历，从那时起我就讨厌这种合作。"因此，我们可以预料，即使是现在，她也不喜欢与人接触。我们应该预料到，她和别人在一起时会感到尴尬和不自在，认为自己必须出类拔萃，但又觉得这种要求太苛刻了。她已经无法与他人轻松、平等地相处了。

5. "在我童年的早期，有一件大事格外鲜明，大约4岁的时候，我的曾祖母来看望我们。"我们已经看到，祖母通常会娇惯孙子孙女，但曾祖母会如何对待他们，我们还没有经验。"她来看我们的时候，我们拍了一张四世同堂的照片。"这个女孩对家族血脉表现出异乎寻常的关注。因为她对曾祖母的来访和所拍的照片记忆犹新，我们可以推断她和家人的联系非常紧密。如果我们是对的，我们就会发现她的合作能力不会超出她家庭圈子的范围。

"我清楚地记得，我们开车到另一个城镇，到了摄影师那里后，我换上了一件白色的绣花连衣裙。"也许这个女孩也是视觉型的人。"在拍摄四世同堂的照片之前，我和弟弟先拍了一张合影。"我们再次看到了她对家庭的兴趣。她的弟弟是家庭的一分子，我们可能会听到更多关于她和他之间关系的描述。"他被放在一把椅子的扶手上，旁边就是我，他手里拿着一个亮红色的球。"她再次回忆起了一些可见的事物。"我站在椅子旁边，手里却什么也没拿。"现在我们看到了这个女孩的主要诉求。她对自己说，弟弟比她更受宠。我们可以猜测，当她的弟弟出生后，夺走了她最年幼、最受宠溺的地位，那种情况让她很不愉快。"我们被要求要微笑。"她的意思是："他们试图让我微笑，但我有什么可笑的？他们将我弟弟放在宝座上，给了他一个鲜红色的球；但他们给了我什么呢？"

"然后拍下了四世同堂的合影。每个人都尽力展现最好的一面，只有我没有微笑。"她对自己的家人表现出敌意，因为她的家人对她不够好。在这早期记忆中，她没有忘记告诉我们家人是如何对待她的。"当被要求微笑时，我弟弟的微笑多么甜美。他太可爱了。直到今天，我还是讨厌拍照。"这样的回忆让我们很好地洞悉了我们大多数人面对人生的方式。我们获得一个印象，然后用它来证明自己的一系列行动。我们从中得出结论，并表现得好像这些结论都是明摆着的事实。很明显，她在拍这张照片的时候过得并不愉快。直到现在她仍然讨厌拍照。我们通常会发现，任何像她这样极度厌恶某件事的人，都会为自己的厌恶找一个理由，从自己的经历中选择一些事情来完全证明自己的厌恶是合理的。这早期记忆为我们提供了关于作者性格的两条主要线索。首先，她是视觉型的；其次，也是更重要的一点是，她与家人的联系很紧密。她早期记忆中的所有行为都发生在家庭圈子内。她可能不太适应社会生活。

6. "我最早的记忆之一，如果不是最早的话，是在我大约 3 岁半时发生的一件事。为我父母工作的一个女孩带着我和表弟到地下室，给我们尝了一点苹果酒。我们非常喜欢。这是一次有趣的体验，因为我们发现自己家里的地下室里有苹果酒。"

对于这次探险之旅，如果要我们下定论，我们可能会猜到两种情况：其一，这个女孩喜欢面对新环境，对生活充满勇气；其二，她的意思是有些人意志更强大，会诱骗她，使她误入歧途。记忆的其余部分将帮助我们作决定。"过了一会儿，我们决定再尝一尝，于是我们自己去拿。"这是一个勇敢的女孩。她想要变得独立。"过了一会儿，我走不动了，而且地下室相当潮湿，因为我们把所有的苹果酒都洒在地上了。"在这里，我们看到了一个禁酒主义者的诞生！

"我不知道这件事是否与我讨厌苹果酒和其他酒精饮料有关。"

一件小事又成了整个生活态度的理由。如果我们用理智来考虑这个问题，我们看不到这件事有足够的分量来得出这样的结论。然而，这个女孩却暗地里将其视为自己讨厌酒精饮料的充分理由。我们可能会发现，她是一个善于从错误中吸取教训的人。她可能真的很独立，如果做错了就会努力改正。这种特质可能会贯穿她的一生。就好像她说："我会犯错，但当我意识到那是错误时，我会改正。"如果真是这样，她将是一个非常优秀的人：积极主动，勇于奋斗，不断改善自己的处境，并始终寻求最佳的生活方式。

在所有这些实例中，我们不过是在训练自己的猜测技艺；在我们确定自己的结论是正确的之前，我们需要看到个性的很多其他表现。现在让我们从实践中举一些案例，在这些案例中，我们可以看到个性在所有表现中的连贯性。

一个35岁的男人来找我，他患有焦虑性神经症。他只有在离家时才会感到焦虑。他时不时地被迫找一份工作，但一旦进了办公室，他就会整天呻吟和哭泣，直到晚上回到家坐在母亲身边后才会停止。当问及他的早期记忆时，他说："我记得自己4岁时坐在家里靠近窗户的位置，看着外面的街道，对在那里工作的人很感兴趣。"他想看别人工作；他自己只想坐在窗边注视着他们。如果要改变他的状况，我们唯一能做的就是让他相信自己能够与他人合作。到目前为止，他认为生存的唯一方式就是靠别人供养。我们必须改变他的整个观念。责备他不会有任何效果，药物或激素提取物也无法说服他。然而，他的早期记忆让我们更容易给他提出一些可能引起他兴趣的工作的建议。他的主要兴趣在于观察。我们发现他患有近视；由于这个缺陷，他更加关注可见的事物。当他开始面对职业问题时，他想继续观察，而非去工作；但两者并不一定矛盾。当他痊愈后，他找到了一份与主要兴趣相符的工作。他开了一家艺术品商店，从而能够在一定程度上为我们社会的劳动分工做出贡献。

一位 32 岁的男子前来接受治疗，他患有癔症性失音，只能发出微弱的耳语。这种状况已经持续了两年。病因始于某日他不慎踩到香蕉皮滑倒，头部撞上了出租车车窗。他呕吐了两天，之后又出现了偏头痛。毫无疑问，他遭受了脑震荡，但鉴于其喉部并无器质性病变，仅凭脑震荡并不足以解释其失语的原因。整整 8 个星期，他完全说不出话来。如今，这起事故已进入司法程序，但尚未结案。他认为事故完全归咎于出租车司机，并起诉出租车公司索要赔偿。若他能表现出某种残疾，无疑会对他的诉讼更有利。我们无须说他不诚实，但他没有大声说话的强烈动机。也许在事故带来的冲击之后，他确实发现说话很困难，且至今仍未找到改变现状的理由。

这位患者已经看过耳鼻喉科医生，但医生没有发现任何问题。问及他早期记忆时，他告诉我们："我当时正躺在摇篮里，仰面朝天。我记得看到那根挂钩脱落，摇篮掉了下来，我受了重伤。"没有人喜欢摔倒，但这个人过分夸大了摔倒这件事。他满脑子想的都是摔倒时的凶险情景，这是他的主要兴趣。"我摔下去时门开了，母亲走了进来，吓坏了。"通过摔倒，他吸引了母亲的注意力；但这段记忆也带有指责——"她没有照顾好我。"同样，出租车司机和出租车公司也有错，他们都没有足够关心他。这是一个被宠溺的孩子的生活方式：他总想让别人负责。他接下来的记忆也讲述了同样的故事。"5岁那年，我和一块沉重的木板从6米高的地方摔下来，有5分钟或更长时间我都说不出话。"这个人非常善于失声。他受过相关训练，将摔倒作为拒绝说话的理由。我们无法将其视为理由，但他似乎就是这样认为的。他对此方法驾轻就熟；现在，只要他摔倒了，就会自动无法说话。如果他能明白这是个误会，即摔倒与失语之间并无关联，尤其是若他意识到自己在遭遇事故后不必两年都低声细语，那他便能痊愈。然而，在这段记忆中，他向我们展示了他为何难以理解这一点。"我母亲走出来，"他继续说，"而且看起来非常激动。"在这两个场景，他的摔倒都让母亲惊恐万分，并且吸引了她的注意。他是一个渴望被宠溺、渴望成为众人焦点的孩子。我们能理解他为何想要为自己的不幸索取补偿。如果遇到同样的事故，其他被宠溺的孩子可能也会这样做。然而，他们可能不会想出失语症这一招。这是我们这位患者的特点，是他根据过往经历所塑造的生活方式的一部分。

一位26岁的男子来找我，抱怨自己找不到一份满意的工作。8年前，他被父亲安排在一家经纪公司工作，但他一直不喜欢这份工作，最近已经辞职了。他也曾尝试寻找其他工作，却屡屡碰壁。此外，他还饱受失眠之苦，时常萌生自杀的念头。在放弃经纪公司的工作后，他离家出走，在另一座城市找到了一份工作；但一封家书告知他母亲病重，他又不得不回来与家人一起生活。

从这段经历中，我们不难推测，他自幼深受母亲溺爱，而父亲则一直试图对他严加管教。我们可能会发现，他的人生或许正是对父亲严苛管教的一种反抗。当被问及在家庭中的地位时，他回答说自己是最小的孩子，也是唯一的男孩。他有两个姐姐；长姐总是对他颐指气使，二姐也是这样。父亲则时常对他絮絮叨叨，他深感全家人都在对他发号施令，只有母亲是他唯一的朋友。

他只念到14岁就辍学了。后来，他的父亲将他送到一所农业学校，以便日后能帮他打理计划购置的农场。在校期间，他表现尚可，但最终还是决定放弃务农。经纪公司的职位，是父亲为他安排的。令人相当惊讶的是，他竟在这份工作上坚持了8年之久；而他给出的理由是，想为母亲尽可能地多做点事。

小时候他很邋遢、胆小，害怕黑暗和独处。当我们听说一个邋遢的孩子时，总能在其身后找到代为整理之人。当我们听说一个害怕黑暗且不喜欢独处的孩子时，亦必能发现某个时刻给予关注、施以慰藉的身影。对于这个年轻人来说，那个人就是他的母亲。他素来不擅交友，却在陌生人中反觉自在。他从未谈过恋爱；他对爱情不感兴趣，也从未想过结婚。他认为父母的婚姻是不幸福的；这或许能解释他为何将婚姻排除在人生规划之外。

他的父亲仍然强迫他继续从事经纪工作。他自己希望从事广告业，但他确信家人不会资助他从事这个职业。在每一个阶段，我们都可以看出他行动的目的是与父亲对抗。虽然在经纪公司工作期间他已经能够养活自己，但他从未想过用自己的钱来学习广告。他现在才想到这一点，并作为对父亲提出的新要求。

他的早期记忆清楚地揭示了一个被宠溺的孩子对严厉父亲的反抗。他记得自己在父亲的餐馆里打工的情景。他喜欢洗碗，喜欢把碗碟从一张桌子端到另一张桌子。但他摆弄碗碟的方式惹恼了父亲，父亲当着顾客的面打了他。他用早年的经历证明，父亲是敌人，他的整个人生都在与父亲作对。他仍然没有真正的工作意愿。只要他能伤害父亲，他就会心满意足。

他的自杀念头很容易理解。每一次自杀都是一种指责；每次想到自杀，他其实都在说："我的父亲要为一切负责。"他对工作的不满也是针对父亲的。父亲提出的每一个计划，他都会拒绝；但他是个被宠溺的孩子，无法在事业上独立。他其实并不想工作，他想玩，仍然与母亲保持着一定的合作关系。但是，他与父亲的抗争如何解释他的失眠呢？

只要他无法入睡，第二天就无法正常工作。父亲盼望他工作，但这个男孩很疲惫，无法工作。当然，他可以说："我不想工作，我不会被迫去做。"但他又挂念着母亲以及家里拮据的经济状况。如果他直接拒绝工作，家人定会认为他已经无可救药，拒绝供养他。他必须有个借口；而这个借口便是那看似不期而至的不幸——失眠。

起初他说自己从不做梦；但后来他记起了一个经常重复的梦。他梦见有人将球抛向墙壁，球总是弹回来。这看似是一个微不足道的梦。我们能否在梦和他的生活方式之间找到联系？我们问他："那之后发生了什么？当球弹开时，你有什么感觉？"他告诉我们："每当它弹开时，我就会醒来。"现在他揭露了自己失眠的全部缘由。他将这个梦作为闹钟来唤醒自己。他想象每个人都企图推着他前进，强迫他做一些自己不想做的事情。他梦见有人将球抛向墙壁。他总是在这个时候醒来。因此，他第二天就会感到疲惫；而当他在感到疲惫时，就无法工作。他父亲非常希望他去工作；于是，通过这种迂回的方式，他战胜了父亲。如果我们只看他和父亲的斗争，我们会认为他非常聪明，竟能发现这样的武器。然而，他的生活方式对他自己和他人来说都并不尽如人意，我们必须帮助他做出改变。

当我解释了他的梦以后，他停止了做梦；但他告诉我，有时他仍会在夜里醒来。他已然没有勇气继续做梦，因为他意识到梦的目的可能会被发现，但他仍然会在第二天感到疲惫。我们能做些什么来帮助他呢？唯一可行的方式就是让他和父亲和解。只要他的全部精力都放在激怒和战胜父亲上，便不会有任何好转。首先，我必须承认患者的态度是有一定道理的。"你父亲似乎完全错了。"我说。"他试图使用权威，整天对你发号施令，这是非常不明智的。也许他是个病人，应该接受治疗。但是你能做什么呢？你不能指望改变他。假如天要下雨了，你能做什么？你可以撑伞或叫出租车；但和雨斗争或想战胜雨是没有用的。目前你在浪费时间和雨斗争。你认为这样做是强大的体现，认为自己正在占据上风。但你的胜利比任何人都更加伤害你自己。"我向他展示了他的所有表现的连贯性——他对职业的迷茫、他的自杀念头、他的离家出走、他的失眠，并向他揭示，在这些行为中，他都是在惩罚自己，以此来惩罚他的父亲。

其次，我还给他一个建议："今晚入睡时，想象自己不时想要醒来，这样你明天就会感到疲惫。想象明天你太疲惫了，以至于无法上班，你父亲就会大发雷霆。"我想让他直面事实。他的主要兴趣是惹恼和伤害父亲。只要我们无法阻止这场斗争，治疗就毫无效果。我们都能看出他是个被宠溺的孩子；现在他自己也意识到了这一点。

　　这种情况非常类似于所谓的俄狄浦斯情结。这个年轻人专注于伤害父亲；与此同时，他又极度依恋母亲。然而，这并非一种性关系。他的母亲对他呵护有加，而他的父亲却不近人情。他受到了错误的教育，对自身的处境有一种错误的解读。他的问题并非源于遗传。他并没有从那些杀死并吃掉部落首领的野蛮人那里继承这种本能。他是根据自己的经历创造了这种态度。每个孩子都可能因为类似的情况而产生这样的态度。我们只需要像这位母亲一样宠溺孩子，再像这位父亲一样对孩子严厉就行了。如果孩子反抗父亲，并且不能独立解决眼前的问题，我们就能理解他为什么会选择这样一种生活方式了。

第五章　梦

几乎每个人都做梦，但能理解自己梦境的人却寥寥无几。这种状况似乎确实让人惊讶。做梦是人类思维的一种普遍活动。自古以来，人类一直对梦境感兴趣，也一直困惑于梦境的含义。许多人觉得他们的梦具有深刻的意义：他们觉得它们是奇怪和重要的。我们可以在人类最早的时期找到这种兴趣的表现。然而，总的来说，人们对他们在做梦时在做什么以及为什么做梦仍然没有概念。据我所知，只有两个学派试图全面而科学地解释梦境。

声称可以理解并解释梦境的两个流派分别是弗洛伊德的精神分析学派和个体心理学派。在这两者中，也许只有个体心理学家会声称他们的解释完全符合常理。

以往尝试理解梦境的方法并不科学，但它们值得我们思考。至少它们能揭示人们如何看待自己的梦，以及他们对做梦持何种态度。既然梦是心灵的创造性活动的一部分，如果我们了解了人们对梦境的期望，我们将非常接近于看到做梦的目的。在调查开始时，我发现了一个惊人的事实。人们似乎总是认为梦与未来有某种联系。人们经常在梦中感觉到，某种主宰精神、某个神灵或祖先会占据他们的思想，并影响他们。当他们陷入困境时，他们会用梦来获取指引。古代的解梦书籍提供了对梦的解释，说明了一个人的梦对其未来的命运意味着什么。原始民族在梦中寻找预兆和预言。希腊人和埃及人前往庙宇，希望获得一个神圣的梦来影响他们未来的人生。这种梦被视为有治愈作用，能够消除身体或精神上的各种问题。美洲印第安人通过禁食、节食和桑拿浴来竭力引发梦境，并根据他们对梦的解读来决定行为举止。在《旧约》中，梦总是被认为可以揭示未来的某些事件。即使在今天，仍然有人坚持说自己曾做过后来成真的梦。他们相信在梦中自己有千里眼的能力，不知何故，梦能够窥见未来，预言将要发生的事情。

从科学的角度来看，这种观点对我们来说似乎颇为荒谬。自从我第一次尝试解决梦境问题以来，我就清楚地意识到，做梦的人比清醒的、完全掌控自己的生活的人，在预测未来方面处于更为不利的地位。而且，我发现梦比日常思维更加混乱和让人困惑，而非更加智慧和富有预见性。然而，我们必须注意到人类的这个传统，即梦以某种方式与未来关联，也许我们会发现这种观点在某种意义上并非完全错误。如果我们以正确的视角来看待它，它可以为我们提供所缺失的关键。我们已经看到，人们将梦看作对他们问题的解决方案。我们可以得出结论，个人做梦的目的是寻求未来的指引，寻求解决问题的方案。这远非承认梦有预言性。我们仍需考虑他在寻求何种解决方案，以及希望从何处获得。很明显，任何梦提供的解决方案都将比在我们全面了解情况后，依靠理智思维得出的解决方案更差。事实上，可以说一个人在做梦的时候是在希望通过睡觉来解决自己的问题。

在弗洛伊德的观点中，我们确实看到他努力将梦视为一种具有科学意义的存在。然而，在许多方面，弗洛伊德的解释已将梦带离了科学的范畴。例如，它假定了心灵在白天工作和夜间工作之间的差距。"意识"和"潜意识"被置于相互矛盾的位置，梦被赋予了自己特有的与日常思考相悖的特殊法则。每当我们看到这样的矛盾时，我们一定会得出一个非科学的关于心灵的结论。在原始民族和古代哲学家的思想中，我们总是遇到这种将一对概念置于强烈对立面，将其视为矛盾的做法。这种对立态度在神经症患者身上表现得尤为明显。人们常常认为左和右、男和女、热和冷、轻和重、强和弱是相互矛盾的。但从科学的角度来看，它们并非矛盾，而是多样性。它们是一个等级的不同程度，是根据它们接近某种理想虚构的程度来排列的。同样，好与坏、正常与异常也并非矛盾，而是多样性。任何将睡眠与清醒、梦中的想法和白天的想法对立起来的理论都注定是不科学的。

弗洛伊德原始观点中的另一个难点在于，他将梦归因于性。这也将梦和人的日常努力和活动区分开来。如果这一观点成立，那么梦作为一种表现，不是代表整个人格，而只是代表了人格的一部分。弗洛伊德自己也发现用性来解释梦不够充分，他提出我们也可以在梦中看到无意识的死亡欲望的表现。也许我们能在某种意义上发现这是正确的。正如我们已经注意到的，梦是试图轻松解决问题的一种尝试，它们揭示出一个人缺乏勇气。然而，弗洛伊德学派的这个术语过于隐讳，它并没有让我们更接近于发现整个人格是如何在梦中反映的。梦中的生活似乎再次与白天的生活严格地区分开来。在弗洛伊德的尝试中，我们获得了许多有趣且有价值的线索。例如，特别有用的一点是：重要的不是梦本身，而是梦背后的想法。在个体心理学中，我们得出了一个颇为相似的结论。精神分析所缺少的，正是心理科学所需的首要条件——认识到人格的连贯性和个体在所有表达中的统一性。

我们可以在弗洛伊德对释梦的关键问题"梦的目的是什么？我们为什么要做梦"的回答中观察到这个缺陷。精神分析学家的回答是："为了满足个体未实现的欲望。"但这种观点并不能解释一切。如果梦消失了，如果个体忘记了梦或无法理解梦，那还有什么满足感可言？全人类都在做梦，几乎没有一个人理解自己的梦。我们能从做梦中获得什么乐趣呢？如果梦中的生活与白天的生活是分开的，而梦带来的满足发生在自身的生活中，我们或许能理解做梦对于做梦者的意义。但现在我们失去了人格的连贯性。现在，梦对醒着的人来说没有任何意义。从科学的角度来看，梦中的人和清醒的人是同一个人，梦的目的必须适用于这一连贯的人格。确实，对某种类型的人来说，我们可以将梦中实现愿望的追求与整个人格联系起来。这种类型就是娇生惯养的孩子，他们总是在问"我如何能够得到满足？人生能为我提供什么？"这类人可能会在梦中寻求满足，就像他在其他方面所表现的那样。事实上，如果我们仔细观察，就会发现弗洛伊德的理论一贯是关于被宠溺孩子的，这些孩子感觉自己的本能永远不应该被否定，他们认为其他人的存在是不平等的，他们总是问："我为什么要爱我的邻居？我的邻居爱我吗？"精神分析从娇生惯养孩子的视角出发，并将这些视角推演得极致。但追求满足只是追求优越的无数表现形式之一；我们不能将其视为所有人格表现的核心动机。此外，如果我们真正发现了梦的目的，我们也必须明白，忘记梦或无法理解梦究竟有何意义。

大约25年前，当我开始尝试探寻梦的意义时，这便是我最感困惑的问题。我能够看出，梦境并非与现实生活相矛盾；梦一定会与人生的其他行动和表现保持一致。如果我们在白天致力于追求优越的目标，那么夜里我们也必定致力于同样的问题。每个人在梦中仿佛都有一个任务要完成，仿佛也必须在梦中追求优越性。梦一定是生活方式的产物，它一定有助于构建和强化生活方式。

考虑到这一点，就能立即明确梦的目的。我们做梦，但早上醒来后通常会忘记梦。什么也没有留下。但事实果真如此吗？真的什么也没留下吗？确实有东西留下了——我们留下了梦唤起的情感。没有留下任何画面，没有留下对梦境的理解，只有残留下来的情感。梦的目的一定在于唤起情感。梦只是手段、工具，用来唤起情感。梦境的目标就是它所留下的情感。

个体创造的情感一定会始终与其生活方式相一致。梦中的想法和白天的想法之间的差异并非绝对；两者之间并没有严格的界限。简而言之，梦境排除了更多与现实的关系，但并没有与现实完全脱节。当我们睡觉时，我们仍然与现实保持着联系。如果我们被问题所困扰，我们的睡眠也会受到影响。事实上，我们在睡眠中能够做出调整，防止自己从床上摔下来，这表明我们和现实之间的联系仍然存在。一位母亲可以在街上最嘈杂的噪声中熟睡，但孩子稍有动静就会醒来。即使在睡梦中，我们也仍然与外界保持着联系。然而，在睡眠中，感官感知虽然存在，但会减弱，我们与现实的联系也会减少。当我们做梦时，我们是孤独的。社会的各种要求不会那么迫切地呈现在我们面前。在我们梦中的思维中，我们不会受到周围环境的强烈刺激而诚实地应对。

只有当我们摆脱紧张、对问题的解决方案充满把握时，我们的睡眠才能不受干扰。平静的睡眠受到干扰的一个因素就是做梦。我们可以得出结论：只有当我们对问题的解决方案没有把握时才会做梦，只有当现实甚至在我们睡眠时也在压迫我们、给我们带来困难时才会做梦。这就是梦的任务：应对我们面临的困难，并提供解决方案。现在我们可以开始看到，我们的思维如何在睡眠中攻克问题。由于我们没有处理整个情况，所以问题看起来会更简单，提供的解决方案将会尽可能少地要求我们自己做出调整。梦的目的是支持和支撑生活方式，唤起与之相适应的情感。但是，为什么生活方式需要支持呢？什么会攻击它呢？只有现实和理智才能攻击它。因此，梦的目的就是对抗理智的要求，支持生活方式。这给我们带来了一些有趣的洞察。如果一个人面临某个问题，却不想按照理智去解决，他可以通过梦中唤起的情感，来确认自己的态度。

一开始这可能看起来与我们清醒的生活相悖，但实则并无矛盾。我们在清醒时也可以用完全相同的方式唤起情感。如果有人遇到困难，不愿运用他的常识来正视它，而是想继续保持原有的生活方式，那么他会竭尽全力为自己的生活方式辩解，并让其显得合乎情理。例如，他的目标是以轻松的方式赚钱，不需要为之努力和工作，也不需要为他人做出贡献。赌博在他看来就是一种可能性。他知道许多人因赌博而倾家荡产、遭受灾难；但他希望过上轻松的生活，希望以轻松的方式让自己富有。他会怎么做呢？他心中充满了关于金钱之好处的想法。他想象着自己通过投机赚钱，买一辆车，过上奢侈的生活，被同伴们视为一个富翁。通过这些幻想，他唤起情感，推动自己向前。他背离理智，开始赌博。在更为平常的情况下，也会发生同样的事情。如果我们正在工作，有人向我们讲述了一部他看过且很喜欢的戏剧，我们便想要停下工作去剧院看戏。如果一个人恋爱了，他会憧憬自己的未来；如果他真的被对方吸引了，他会想象未来是美好的。有时，如果他感到悲观，他会对未来产生阴郁的想象，但无论如何，他都会唤起自己的情感，而我们总能通过观察他所唤起的情感类型，来判断他是什么样的人。

但是，如果梦之后只留下了情感，理智又去向了哪里呢？做梦是理智的对手。我们可能会发现，那些不愿被自己的情感蒙蔽、更愿意采取科学方式的人，很少做梦或根本不做梦。而那些远离理智的人，不愿意通过正常而有益的手段来解决自己的问题。理智是合作的一个方面，而缺乏合作精神的人不喜欢理智。这类人常常做梦。他们希望自己的生活方式获胜并得到认可；他们希望避免现实的挑战。我们必须得出这样的结论：梦是一种尝试，试图在不对生活方式提出任何新要求的情况下，在个人的生活方式和他目前的问题之间搭建一座桥梁。生活方式是梦的主宰。它总会唤起个人需要的各种情感。在梦中，我们能找到的一切都可以在个体的其他症状和特征中找到。无论我们是否做梦，我们应对问题的方式都是一样的；但梦为生活方式提供了支持和证明。

如果这是正确的，我们就迈向了理解梦的一个新的、最重要的一步。在梦中，我们在欺骗自己。每个梦都是一种自我麻醉，一种自我催眠。它的全部目的是激发我们准备好面对某种情况的心情。我们应该能在其中看到我们在日常生活中所看到的完全相同的人格；同时，我们应该能看到他在心灵的作坊里准备着他在白天将要利用的各种情感。如果我们是正确的，我们甚至应该能够在梦的构建方式及其采用的手段中看到自我欺骗的存在。

我们发现了什么？首先，我们发现了某种画面、事件、情节的选择。我们之前已经提到过这些选择。当一个人回顾过去时，他会汇编起一些画面和事件。我们已经发现他的选择是有倾向性的；他只会从记忆中选择那些支撑其个人优越目标的事件。正是这个目标在主宰着他的记忆。同样，在梦的构建中，我们也只会挑选与生活方式相符、能解决当前现实问题的生活事件。这种选择的意义，无非就是我们生活方式在面对自身所处困境时所体现出的意义。在梦中，生活方式在坚持自己的方式。面对困境，理智的做法是现实地应对，但生活方式却拒绝让步。

梦还依赖于其他什么手段呢？自古以来，就已经有人注意到这一点，而在我们这个时代，弗洛伊德更是特别强调，梦主要是由隐喻和象征构成的。正如一位心理学家所说的："我们在梦中是诗人。"那么，梦为何不使用简单直接的语言，而要使用诗歌和隐喻呢？倘若我们直言不讳，不使用隐喻或象征，我们便无法摆脱理智的束缚。隐喻和象征是可以被滥用的。它们可以融合不同的含义；它们可以同时说两件事，其中或许有一件是完全错误的。我们可以从中得出不合逻辑的结论。它们可以被用来激发各种情感。我们在日常生活中也可以发现同样的情况。当我们想要纠正某人时，就会说："别像个孩子似的！"我们会问："你为什么哭？你是女人吗？"当我们使用隐喻时，总会渗入一些不相干的内容、一些仅仅针对情感的内容。也许一个大个子很生一个小个子的气，他说："他就是条虫子。他应该被人踩在脚下。"通过这个隐喻，他轻易地为自己的愤怒找到了支撑。

隐喻是极好的语言工具，但我们也总能借此欺骗自己。当荷马描述希腊军队如同群狮般横扫过田野时，他为我们描绘了一幅宏伟的画面。难道我们真的相信他想要确切地描述这些可怜的、肮脏的士兵是如何爬过田野的吗？不，他希望我们将他们想象成群狮。我们知道他们并非真的是群狮；但如果诗人描述士兵如何气喘吁吁、汗流浃背，如何停下来鼓起勇气或避开危险，他们的盔甲多么陈旧，以及诸如此类的千万种细节，我们就不会那么印象深刻了。隐喻可用于美、想象力及幻想。然而，我们必须坚持认为，在一个生活方式存在错误的个体手中，使用隐喻和象征总是危险的。

有一个学生面临一场考试。这个问题很直接，他应该勇敢地、理智地对待考试。但如果他的生活方式是逃避型的，他可能会梦见自己在打仗。他用一个夸张的隐喻来描绘这个直接的问题，现在他害怕考试就显得更有理由了。或者他梦见自己站在深渊前，必须往回跑以免掉进去。他必须创造出一些情感来帮助自己避开这次考试；他通过将考试等同于深渊来欺骗自己。在这里，我们可以发现梦中经常使用的另一种手段。那就是抓住一个问题，缩小范围，直到只剩下原问题的一部分。然后，用隐喻来表达剩下的部分，并将其视作与原问题相同的问题来处理。例如，另一个更勇敢的、更着眼于未来的学生，希望完成任务并参加考试。然而，他仍然希望得到支持；他仍然希望让自己安心——他的生活方式需要这样。在考试的前一天晚上，他梦见自己站在山顶上。他的情况被简化了很多。在他的整个人生境遇中，只有最小的一部分被呈现出来。对他来说，这个问题是巨大的，但通过排除问题的许多方面，将注意力集中在成功的前景上，他激发了帮助自己的各种情感。第二天早上，他起床时感到高兴、精神焕发，比以前更加勇敢。他成功地把必须面对的困难最小化了。尽管他让自己安心了，但他实际上是在欺骗自己。他没有以理智的方式正视整个问题，而是在激发一种自信的情感。

这种情感的激发并不罕见。一个想跳过溪流的人，也许会在跳跃前从一数到三。数三下真的很重要吗？数三下和跳跃之间真的有必要的联系吗？根本没有丝毫的联系。然而，他数三下是为了激发情感，集中所有力量。我们的思维中已经具备了阐述、确立并加强生活方式的一切手段，而激发情感就是最重要的手段之一。我们每天都在做这项工作，但也许在夜里会表现得更加明显。

让我用自己的一个梦来说明我们是如何自欺欺人的。在战争期间，我是一家为患有神经症的士兵开设的医院的负责人。当我看到那些还没有为战争做好准备的士兵时，我会尽量给他们分配一些比较轻松的任务来减轻他们的压力。这种做法往往很成功，可以大大缓解他们的紧张情绪。有一天，一个士兵来找我，他是我见过的体格最健壮、最强健的人之一。他非常沮丧，当我为他检查时，我想该如何处置他。当然，我很想把每个来找我的士兵都送回家，但我所有的建议都必须经过上级官员的批准，我的仁慈必须有所节制。要决定这名士兵的去留并不容易，但当时机成熟时，我说："尽管你患有神经症，但你非常强壮和健康。我会给你安排一些比较轻松的工作，这样你就不必上前线了。"

士兵看起来可怜巴巴的，回答道："我不过是个穷教师，靠教书养活年迈的父母。""若是不教书，他们便要挨饿。如果我无法供养他们，他们俩都会死。"我想我应该为他寻个更轻松的差事——遣他回乡当个文员；但我担心如果我如此举荐，我的上级定会发怒，将他遣往前线。最后，我决定竭尽所能诚心相助：开具他只适合站岗放哨的证明。当天晚上我回家睡觉时，做了一个可怕的梦。我梦见自己是一个杀人犯，我在黑暗狭窄的街道里游荡，试图回想自己杀了谁。我记不起是谁，但我感觉"我犯下了杀人罪，我完了。我的人生结束了。一切都完了。"于是，在梦中，我站在原地，满头大汗。

我醒来时的第一个想法是："我到底杀了谁？"然后我想："如果我不给这个年轻士兵一份文员工作，也许他会被送上前线，战死沙场。那我就是杀人凶手了。"你看，我是如何激发各种情感来欺骗自己的。我并没有杀人；即使真的发生了那种灾难，我也不会有罪。但我的生活方式不允许我冒这个风险。我是一名医生；我应该拯救生命，而非危及生命。我再次想到，如果我给他一份较轻松的工作，我的上级定会将他送上前线，情况也不会好到哪里去。我想到，如果我想帮助他，唯一的办法就是遵循常理，不必顾及自己的生活方式。因此，我开出的证明是他适合做卫兵。后来发生的事件证实，遵循常理总是最佳选择。我的上级阅读了我的建议，却将其划掉了。我想，"这下他定要派他上前线了。毕竟，我本应该给他文员工作的。"然而，我的上级却写道："文员工作6个月。"结果证明，这位军官受了贿赂，才让这名士兵轻易脱身。这个年轻人从来没有给别人上过课，他说的一切都不是真的。他只是为了让我给他分配一份更轻松的任务，同时让被收买的上级签字批准我的建议。从那天起，我便认为放弃做梦是更好的选择。

梦之所以常常令人费解，正是因为它们旨在欺骗与迷惑我们。如果我们能理解自己的梦，它们就无法欺骗我们了，也无法再唤起我们的情感和情绪。我们应当遵循常理行事，拒绝听从梦的指示。一旦梦被理解，它们便失去了存在的意义。梦是连接现实问题与生活方式的桥梁，但生活方式本无需任何强化，它应当与现实直接相连。梦有许多种类，每种梦都揭示了在个人面临的特定情况下，生活方式在哪些方面需要强化。因此，梦的解读总是因人而异的。我们无法通过公式来解读象征和隐喻；因为梦是生活方式的创造物，源于个体对自身特殊境遇的解读。下面我简要描述一些更为典型的梦的形式，并非为了提供一种简单的解读方法，而是为了帮助人们理解梦及其意义。

许多人都做过飞翔的梦。这些梦，与其他梦一样，关键在于它们唤起的情感。它们留下的是一种自在和勇敢的心情。它们自下而上进行指引。它们描绘了轻松克服困难、努力达到优越目标的过程，因此，我们可以推断出，这是一个勇敢、前瞻、有抱负的个体，甚至他在睡梦中也无法摆脱自己的抱负。这些梦涉及的问题是"我应该继续还是停止"，而他给出的答案是，"我前进的路上没有障碍。"很少有人没做过坠落的梦。这非常了不起，它表明，人类的思想更多时候专注于自我保护和对失败的恐惧，而非专注于努力克服困难。当我们想起我们的教育传统是警告孩子并让他们提高警惕时，这一点就变得可以理解了。孩子们总是被告诫："别爬上椅子！别碰剪刀！离火远一点！"他们总是被各种虚构的危险包围着。当然，也存在真正的危险，但让一个人变得胆小并不会帮助他应对这些危险。

当人们频繁地梦见自己瘫痪或错过火车时，其意义通常是："如果这个问题能在我不加干预的情况下自行解决，我会很高兴。我必须绕道走，我必须迟到，这样就不会遇到问题。我必须让火车开走。"许多人会做关于考试的梦。有时他们惊讶地发现垂垂老矣的自己还在参加考试，或是不得不参加自己很久以前就已经通过的一门科目的考试。对一些人来说，这种梦的意义可能是"你还没有准备好面对眼前的问题"。而对另一些人来说，这种梦的意义可能是："你以前已经通过了这个考试，你现在面临的考验也会通过。"梦境对每个人的象征意义都不尽相同。我们在梦中主要考虑的是情绪及其与整个生活方式的连贯性。

一位32岁的神经症患者来接受治疗。她是家中的第二个孩子，和大多数第二个孩子一样，她非常有抱负。她总是希望成为第一名，并以无可挑剔的方式解决所有问题。她因为神经衰弱前来就诊。她和一个比自己年长且已婚的男人曾有过一段恋情，而她的这位情人事业失败了。她曾经想要嫁给他，但他无法离婚。她梦见一个在自己的乡下公寓里租住的男人，在他搬进来后不久，他们就结婚了，但他没有收入。他不是一个诚实或勤奋的人。由于他付不起房租，她不得不将他逐出公寓。乍一看，我们可以发现这个梦和她目前的问题有某种联系。她正在考虑是否应该嫁给一个事业失败的男人。她的情人很穷，无法养活她。尤其加强这一对比的是，他曾经带她出去吃饭，却没有足够的钱埋单。这个梦的效果是激起她对婚姻的反感。作为一个有抱负的女人，她不希望与一个贫穷的男人有任何瓜葛。她使用了一个隐喻，问自己："如果他租了我的公寓却无法支付租金，我该如何处理这样的租客？"答案是："他必须离开。"

然而，这位已婚男人并不是她的房客，不能将他与房客相提并论。一个无法供养家人的丈夫并不等同于付不起房租的房客。不过，为了解决困境，更加自信地遵循自己的生活方式，她给了自己"我不应该嫁给他"的感觉；通过这种方式，她避免了用常理去全面审视这个问题，而只选择了其中的一小部分。同时，她也将整个爱情和婚姻的问题最小化了，好像它可以用隐喻来充分表达："一个男人租了我的公寓。如果他付不起房租，就必须被赶出去。"

　　由于个体心理学的治疗技术始终致力于增强个体在面对人生问题时的勇气，因此很容易理解，在治疗过程中，梦会发生变化，并展现出一种更加自信的态度。一位抑郁症患者在治愈前的最后一个梦是这样的："我独自坐在长椅上。突然，一场大暴雪降临了。幸运的是，我赶紧逃进了室内，到了我丈夫身边。然后，我帮他在报纸的广告栏里寻找合适的工作。"这位患者能够自己解释这个梦的意义。它清楚地表明了她与丈夫和解的感觉。起初，她憎恨丈夫，并为他的软弱和低收入而痛苦地抱怨。这个梦的意思是："比起独自去面对危险，还是留在丈夫身边比较好。"尽管我们可能同意患者对当前情况的看法，但她向丈夫和婚姻妥协的方式，还是让人觉得太像焦虑的亲戚们惯常给出的那种建议了。独处的危险被夸大了，她还没有完全准备好以勇敢和独立的姿态进行合作。

　　一个10岁的男孩被带到我的诊所。他学校的老师抱怨说他对其他孩子既刻薄又恶毒。他在学校偷东西，然后将它们放在其他男生的桌子上，让他们受到老师的责备。这种行为只有在孩子觉得需要把别人拉到和自己同等水平的时候才可能发生。他想羞辱他们，想证明他们才是刻薄和恶毒的。如果这是他的行为方式，我们可以推测这一定是在家庭环境中养成的，家里一定有他想让其感到内疚的人。当他10岁时，他在街上朝一名怀孕的妇女扔石块，因此惹上了麻烦。如果他已经10岁了，他很可能知道什么是怀孕。我们可以怀疑，他不喜欢怀孕，我们必须看看是否有一个弟弟或妹妹的到来让他不高兴。根据老师的报告，他被称为"街坊邻居的祸害"；他骚扰其他孩子，诽谤他们，给他们起难听的外号。他追逐小女孩并殴打她们。现在我们可以相信，他与一个妹妹存在竞争关系。

我们了解到他是两个孩子中较大的一个，他有一个4岁的妹妹。他母亲说，他疼爱妹妹，总是对她很好。这让人难以置信；这样一个男孩怎么可能疼爱妹妹呢？我们稍后会看到，我们的怀疑是合理的。母亲还声称她和丈夫的关系十分理想。这对孩子来说真是太不幸了。显然，他的过错与父母无关；它们一定来自他自身的邪恶天性、命运，或者可能来自某个遥远的祖先！我们经常听说这种所谓的"理想婚姻"：父母如此出色，孩子却如此糟糕！老师、心理学家、律师和法官都见证过这种不幸的事。事实上，对这样一个男孩来说，"理想"婚姻可能带来极大的困扰：如果他看到母亲深爱着父亲，这可能会刺激他。他想独占母亲的关注，母亲任何对他人表现出爱意的行为都可能引起他的不满。那么，如果幸福的婚姻对孩子不利，而不幸的婚姻对孩子更糟糕，我们应该怎么办呢？我们必须从一开始就训练孩子的合作精神；我们必须真正将他融入婚姻关系中。我们必须避免让他只依恋父母中的一方。我们正在讨论的这个男孩是一个被宠溺的孩子；他想保持母亲对自己的关注，一旦觉得没有得到足够的关注，他就会朝着制造麻烦的方向发展。

这一点再次得到了印证。母亲从不亲自惩罚孩子；她总是等着父亲回家，让父亲来惩罚孩子。很可能她感觉自己很软弱；她认为只有男人才能发号施令；只有男人才有足够的力量进行惩罚。也许她想让孩子继续依赖她，并且害怕失去孩子。无论哪种情况，她都在让男孩远离对父亲的兴趣和合作；父子之间注定会产生摩擦。我们听说父亲深爱着妻子和家人，但因为这个男孩，他讨厌下班回家。他严厉地惩罚男孩，经常殴打他。但我们听说，这个男孩并不讨厌父亲。这同样是不可能的；男孩并非心智不健全。他已经学会了如何非常巧妙地隐藏自己的各种情感。

他疼爱妹妹，但他并不和她好好玩，他经常打她或踢她。他睡在餐厅里的一张日间床上，而妹妹睡在父母房间里的一张婴儿床上。现在，如果我们能站在这个男孩的角度看问题，对他抱有同理心，那么这张位于父母房间的婴儿床就会让我们感到困扰。我们试图通过男孩的思维去思考、感受和观察。他想独占母亲对自己的关注。夜里，妹妹离母亲如此之近。他必须努力将母亲拉得离自己更近。这个男孩身体很健康：出生时一切正常，母乳喂养了7个月。他开始用奶瓶喝奶时会呕吐，这种情况一直持续到他3岁。很可能他的胃不太好。现在他的饮食很好、营养也很好，但他对胃的关注一直存在。他认为那是自己的弱点。现在我们可以更好地理解为什么他要朝一名孕妇扔石块了。他对食物很挑剔。如果饭菜不合他的口味，母亲就会给他钱，让他出去买自己喜欢吃的。然而，他却到邻居家抱怨父母给的食物太少。这是他惯用的伎俩。每次都是这样。他恢复优越感的方式就是诽谤别人。

我们现在能够理解他来诊所时讲述的一个梦了。他说，"我是个西部牛仔。他们派我去墨西哥，我不得不一路战斗，才能回到美国。当一个墨西哥人向我扑来时，我踢了他的肚子。"这个梦的感觉是："我被敌人包围了。我必须奋力搏斗。"在美国，牛仔被视为英雄；他认为追逐小女孩和踢人肚子是英勇的行为。我们已经看到，胃在他的人生中起着重要作用——他将它视为最脆弱的部位。

他本人患有胃虚，他的父亲有神经性胃病，而且总是为此抱怨。在这个家庭里，胃被提升到了至关重要的地位。这个男孩的目标是攻击别人的弱点。他的梦和行动表现出了完全相同的生活方式。他生活在梦中；如果我们无法将他从梦中唤醒，他就会继续这样生活下去。他不仅会和父亲、妹妹、小孩，尤其是女孩打架，还会与试图阻止他打架的医生打架。他在梦中的冲动将推动他继续前进，成为英雄，征服他人；除非他能意识到自己是在自我欺骗，否则任何治疗都无法帮助他。

我在诊所里向他解释了这个梦。他觉得自己生活在一个充满敌意的国家里，所有想惩罚他、阻碍他的人都是墨西哥人，都是他的敌人。他下次来诊所时，我们问他："自从我们上次见面后都发生了什么事？"他回答："我做了坏事。"我们追问："你做了什么？"他答："我追赶了一个小女孩。"这不仅仅是一个供认，也是一种炫耀和挑衅。这是一家试图改善他的诊所，而他坚持说自己一直是个坏孩子。他在说："别指望我会变好。我会踢你的肚子。"我们该拿他怎么办呢？他仍然生活在梦中；他仍然在扮演英雄。我们必须减少他从这个角色中获得的满足感。我们问他："英雄真的会追赶一个小女孩吗？那不是对英雄主义的拙劣模仿吗？如果你要做英雄，你应该追赶一个高大而强壮的女孩。或者你根本就不应该去追赶女孩。"这是治疗的一个方面。我们必须让他看清现实，减少他继续保持这种生活方式的渴望，用一句俗话说就是"将口水吐在他的汤里"。在这之后，他将不再喜欢自己的这锅汤。另外是给他合作的勇气，让他在有益的一面寻求意义。没有人会去做无用的事，除非他担心留在有益的一面就会失败。

一位24岁、独居且从事秘书工作的女孩抱怨说，她的老板欺凌员工，让自己的人生变得苦不堪言。她觉得自己无法结交朋友并维持友谊。经验告诉我们，如果一个人无法维持友谊，那往往是因为他想要控制他人；他真正关心的只有自己，他的目标是展现自己的优越感。很可能她的老板也是这种人。他们都希望支配他人。当两个这样的人相遇时，必然会产生矛盾。这个女孩是家里7个孩子中最小的一个，也是全家的宠儿。她有个绰号叫"汤姆"，因为她一直想当个男孩。这更加深了我们的怀疑，即她将追求优越的目标与个人的支配联系在了一起；在她看来，男性化就是要成为主宰，控制他人而非被他人控制。她很漂亮，但她认为人们只是因为她长得漂亮才喜欢她，她担心自己被毁容或受伤。在我们这个时代，漂亮女孩更容易给人留下深刻的印象并控制他人；这一点她很明白。然而，她想成为一个男孩，以一种男性化的方式支配他人，因此她并不为自己的美貌而沾沾自喜。

她最早的记忆是被一个男人吓坏了；她承认自己现在仍然害怕被劫匪和疯子袭击。一个想要变得男性化的女孩竟然会害怕劫匪和疯子，这似乎很奇怪，但其实并不然。正是她的软弱感决定了她的目标。她希望处于一种可以统治和使他人屈从的环境中，她希望排除所有其他情况。劫匪和疯子是没法被控制的，她希望彻底消灭他们。她希望以一种简单的方式成为有男子气概的人，即使失败了，她也有借口推卸责任。由于这种非常普遍的对女性角色的不满情绪的蔓延（我称之为"男性抗议"），随之而来的是紧张感——"我是一个男人，正在与身为女人的劣势作斗争。"

让我们看看是否能在她的梦中找到同样的感觉。她经常梦见自己孤身一人。她是一个被娇惯的孩子；她的梦意味着"必须有人照看我。独自将我留下是不安全的，别人可能会攻击和压制我"。她经常做的另一个梦是她丢了钱包。"小心点，"她在梦里说，"你有失去某种东西的危险。"她根本不想失去任何东西；特别是她不想失去控制他人的能力；但她选择了人生中的一件事情——丢钱包，来代表人生的全部意义。我们可以用另一个例子说明，梦如何通过创造情感来强化生活方式。她没有丢钱包，但她梦见自己丢了钱包，这种感觉仍然存在。一个更长的梦可以帮助我们进一步看清她的态度。"我去了一个有很多人的游泳池，"她说，"有人注意到我站在那群人的头上。我感觉到有人尖叫着看着我，我很有可能会掉入水中。"如果我是一位雕塑家，我会把她雕刻成这个样子：站在别人的头顶上，将别人作为她的基座。这就是她的生活方式，这些是她喜欢唤起的情感。然而，她认为自己的处境是岌岌可危的，她认为其他人也应该意识到她的危险。其他人应该看着她、对她小心翼翼，这样她才能继续站在他们头上。在水里游泳是不安全的。这就是她的一生。她确定了自己的目标："尽管身为女孩，也要像个男人一样。"她非常有抱负，就像大多数最小的孩子一样；但她想要显得优越，而不是达到适合自己处境的能力就足够了，她一直害怕失败。如果我们想帮助她，就必须找到办法让她接受自己的女性角色，消除她对异性的恐惧和过度的评价，并让她觉得自己在同类中是友好而平等的。

一个女孩在她13岁时因为一次事故失去了弟弟，她最早的回忆是："当我的弟弟还是个婴儿，正在学习走路时，他抓住一把椅子想要站起来，结果椅子倒在了他身上。"这是另一个事故，我们可以看到她对世界的危险印象深刻。"我最常做的梦是极其奇怪的。我常常走在街上，那里有一个我看不见的洞。走着走着，我就掉进了洞里。洞里满是水，当我触摸到水时，我猛地惊醒，心跳得飞快。"我们不会觉得这个梦像她自己觉得的那样奇怪；但如果她继续为此感到惊恐，她就一定会认为它神秘莫测、无法理解。这个梦对她说："要小心谨慎。周围存在着未知的危险。"然而，它还告诉了我们更多东西。如果你在下面，就不会掉落。如果她有掉落的危险，她就必须想象自己比他人更高。

就像上一个例子一样，她在说："我是优越的，但我必须时刻小心不要掉下来。"在另一个案例中，我们将看看是否能在早期记忆和一个梦中发现正在运作的、相同的生活方式。一个女孩告诉我们："我记得自己饶有兴趣地看着一座正在建造的公寓楼。"我们可以推测她具有合作精神。一个小女孩不会被期望参与建造房屋，但她可以通过她的兴趣，表明她喜欢参与其他人的任务。"我还是个小孩子的时候，常常站在一个非常高的窗户旁边，那些玻璃窗格对我来说清晰得就像在昨天出现一样。"如果她注意到窗户很高，那么她心里一定有高和矮的对比概念。她的意思是，"窗户很大，而我很小。"听到她个子小，我不会感到惊讶，正是这一点让她对比较大小如此感兴趣。她提到自己对这件事的记忆如此清晰，这是一种自夸。现在让我们讲讲她的梦。"有几个人和我一起乘坐一辆汽车。"正如我们所想的那样，她具有合作精神；她喜欢与他人在一起。"我们一直开，直到停在一片树林前。每个人都下了车，跑进树林里。大多数人的个头都比我高。"她再次注意到了体型差异。"但我设法及时赶到，进了一部电梯，它下降到一个约3米深的矿井工作区。如果我们走出电梯，那里的空气会让我们中毒。"她描绘了一种危险。大多数人都害怕某些危险；人类并不是非常勇敢。"我们毫发无损地走了出去。"你们看，这是乐观的观点。如果一个人具有合作精神，他就总是勇敢和乐观的。"我们在那里待了一分钟，然后又上来，快步跑回汽车那里。"我确信这个女孩总是保持着合作精神，但她有一种印象，那就是她必须更高大些。我们会在这里发现某种紧张，就像她踮着脚尖让自己显得更高；但这种紧张会被她对他人的喜爱和对共同成就的兴趣抵消。

第六章　家庭的影响

　　从出生的那一刻起，婴儿就试图与母亲建立联系。这是他的各种动作的目的。在生命的头几个月里，母亲的角色至关重要：他几乎完全依赖母亲。正是在这种情况下，婴儿的合作能力开始萌芽。母亲是孩子接触的第一个人类，第一次对除了自己以外的人产生兴趣。她是婴儿通往社会生活的第一座桥梁；若婴儿完全无法与母亲或代替母亲的人建立联系，那么他必然会夭折。

　　这种联系是如此亲密和深远，以至于我们日后无法将任何特征归因于遗传。任何可能被遗传的倾向都已经被母亲调整、训练、教育并重塑过。她的技巧，或缺乏技巧，都可以影响孩子的全部潜能。我们所说的母亲的技巧，无非就是她与孩子合作的能力，以及赢得孩子与自己合作的能力。这种能力不是通过规则来教授的。每天都会出现各种新情况。在成千上万个新情况中，她都必须运用自己的洞察和理解来满足孩子的各种需求。只有当她对孩子感兴趣，致力于赢得孩子的喜爱并保障孩子的福祉时，她才能娴熟自如。

在她所有的活动中，我们都可以看到她的态度。每当她抱起婴儿、抱着他、与他说话、为他洗澡或喂食时，她都有很多机会与他建立联系。如果她未受过相关训练或对此不感兴趣，便会显得笨拙，婴儿也会抗拒。如果她从未学过如何为孩子洗澡，那么洗澡对孩子而言便是一段不愉快的经历。他不会与她建立联系，而是试图摆脱她。她在哄孩子睡觉的方式、她的一举一动以及处理自己发出的噪声方面都必须非常娴熟。她必须娴熟地观察他或让他独自一人。她必须考虑他所处的整个环境——新鲜空气、室温、营养、睡眠时间、身体习惯和清洁度。在每一个场合，她都在为孩子提供喜欢或不喜欢她、合作或拒绝合作的机会。

母性的技巧并非什么神秘的力量。所有技巧都是长期的兴趣和训练的结果。准备做母亲的过程从人生很早的阶段就开始了。第一步可以从一个女孩对较小孩子的态度、对婴儿的关注以及对未来职责的兴趣中看出来。将男孩女孩当作未来承担完全相同的社会角色来教育，这种做法从来都不可取。若要培养出娴熟的母亲，就必须针对母职对女孩进行专门教育：既要让她们乐于接受成为母亲的人生图景，将其视为创造性活动；也要确保她们在未来真正面对这一角色时，不会感到失望。

然而，在我们的文化中，女性作为母亲的角色经常被低估。如果男孩比女孩更受重视，如果男性的角色被认为更加优越，那么女孩自然会对未来的母职产生抵触。没有人甘居从属地位。当这样的女孩结婚并面临生育选择时，她们总会以各种方式表现出抗拒——

既不情愿也毫无准备，毫无期待，更无法将其视为充满创造力的趣事。这或许是我们社会最严重的问题，却鲜有人着力解决。整个人类社会都与女性对做母亲的态度息息相关。几乎在所有地方，女性的生活角色都被低估了，并被视为次要的。甚至在童年时期，我们就发现男孩们将家务活看作仆人的工作；仿佛他们的尊严要求自己永远不要插手家务。家务劳动和家庭管理经常被看作女性的分内事，而不是她们可以做出的贡献，这实质上将繁重的劳动强加给了她们。倘若女性真能把持家看作一门值得投入的艺术，通过它点亮并丰富家人生活，那么这份工作便不逊色于世上任何职业。反之，若连男性都视之为低贱劳动，我们又何必惊讶于女性的抗拒与反叛？她们不过是在证明一个本该不言自明的真理：女性与男性平等，同样值得尊重，同样有权发展才能。诚然，能力唯有通过社会情感才能发展；但只要给予正确的社会情感引导，女性的发展本就不该被强加任何外在的束缚与限制。

当女性的角色被低估时，婚姻生活的整体和谐就会被破坏。任何认为养育孩子是一项低人一等的任务的女性都无法训练自己的技巧、关怀、理解和同理心，而这些能力在孩子们的生命初期是如此必要。一个对自己的角色不满意的女性，其人生目标必然阻碍她与子女建立最亲密的联结。她的目标与孩子的成长轨迹南辕北辙：她往往执着于证明个人优越，而孩子只会成为令她分心的累赘。如果我们追溯人生中一个个失败的案例，我们几乎总能发现母亲没有恰当地履行自己的职责：她没有为孩子创造一个良好的开端。当母亲们失职，当她们厌倦自己的工作并丧失兴趣，整个人类文明都将岌岌可危。

然而，我们不能将失败归咎于母亲。这不是她的错。也许母亲自己就没有接受过合作的训练。也许她在婚姻生活中感到压抑和不幸福。各种环境让她困扰和烦恼；有时她会变得绝望和沮丧。许多因素都会扰乱良好家庭生活的发展。如果母亲生病，她可能会想要与孩子合作，但会觉得自己力不从心。如果她外出工作，可能回家时已经精疲力尽。如果经济条件不好，食物、衣物和温度可能都不利于孩子。此外，决定一个孩子行为的不是他的经历本身，而是他从这些经历中得出的结论。当我们探究一个问题儿童的故事时，我们会看到他与母亲之间的关系存在困难，但是，我们也能看到，其他孩子虽然也面临同样的困难，却以更好的方式解决了它们。这让我们再次回到个体心理学的基本观点。性格的发展没有固定的原因，但一个孩子可以利用自己的经历来实现自己的目标，并将它们转化成实现目标的理由。例如，我们不能断言，如果一个孩子营养不良，他就会成为犯罪分子。我们必须看到他自己得出了什么结论。

不难理解，如果一个女性对自己的女性角色不满意，她就会遇到困难和感到紧张。我们深知母性追求的强大力量。调查清楚地表明，母亲保护孩子的倾向比所有其他倾向都要强烈。在动物中，例如在老鼠和猿类中，已经证实母性本能比性欲或饥饿感更为强烈；以至于当它们必须在多种本能间做出选择时，往往是母性本能占据上风。这种追求的基础并非出于性欲，而是源于合作的目标。一个母亲经常将亲生孩子视为自己的一部分。通过孩子，她与孩子的整个人生相连；她感觉自己是孩子生死的主宰。在每一位母亲身上，我们或多或少都能发现，她们觉得自己通过孩子完成了一项创造性的工作。我们可以说，她感觉自己就像上帝一样创造了生命——她从虚无中孕育了一个生命体。对母性的追求实际上是人类追求优越、追求像上帝一样的目标的一个方面。它为我们提供了一个最清晰的例证，说明如何为了人类的利益、为了他人的利益并带着最深厚的社会情感运用这个目标。

当然，母亲也可能夸大这种感觉，即亲生孩子是自己的一部分，并将这个孩子纳入她追求个人优越的目标中。她可能试图让孩子完全依赖自己，控制孩子的人生，使孩子总是与她捆绑在一起。让我引用一个70岁农村妇女的案例。她50岁的儿子仍然与她住在一起；有一次他们同时患上了肺炎。母亲活了下来，但儿子被送进医院后不治身亡。当母亲得知儿子的死讯时，她回答："我早就知道，我永远无法把这个孩子安全地抚养长大。"她觉得自己对孩子的整个人生负有责任。她从未试图让他成为我们社会生活中平等的一员。我们开始能够理解，当一位母亲没有拓宽与孩子之间的联系，没有引导孩子与环境中的其他人平等地合作时，这种错误是多么严重。

母亲的各种关系并不简单，甚至她与孩子的联系也不应被过分强调。这既是为了孩子，也是为了自己。如果过于关注一个问题，其他问题便会受到影响；甚至我们当前所专注的单一问题，也可能因过分重视而无法得到妥善处理。母亲与孩子、丈夫以及周围的整个社会生活都存在着联系。这三种联系都必须给予同等的关注，都必须以冷静和理智的态度去面对。如果母亲只考虑自己与孩子的联系，她就会不自觉地溺爱孩子，使他们难以培养独立性和与他人合作的能力。在成功与孩子建立联系后，她的下一个任务就是将孩子的兴趣扩展到父亲身上；如果她自己对丈夫都不感兴趣，这个任务就几乎无法完成。她还必须让孩子的兴趣转向周围的社会生活，转向家中的其他孩子、朋友、亲戚和普通人。因此，她的任务是双重的。她必须让孩子首次体验到与值得信赖的伙伴相处的感受；然后她必须准备好让孩子将这种信任和友谊扩展到整个人类社会。

如果母亲只专注于让孩子对她自己感兴趣，孩子以后就会对所有试图让他对其他人感兴趣的行为表示反感。他将总是寻求母亲的支持，并对所有他认为是争夺她关注的竞争者抱有敌意。她对丈夫或家中其他孩子表现出的任何兴趣，都会被孩子视为一种剥夺，孩子会形成这样的观点："我的母亲只属于我，不属于其他任何人。"在大多数情况下，现代心理学家对这种情况都有误解。例如弗洛伊德的俄狄浦斯情结理论假设孩子们有一种倾向，那就是爱上自己的母亲，希望与母亲结婚，并憎恨自己的父亲，希望杀死父亲。如果我们了解孩子的成长过程，这样的误解就不会产生。俄狄浦斯情结只会出现在一个希望独占母亲的全部关注、排斥其他人的孩子身上。这种欲望并非性欲，而是渴望征服母亲、完全控制母亲，使她成为自己的仆人。它只会发生在那些被母亲宠溺、与世界上的其他人从未建立同伴关系的孩子身上。在极少数情况下，一个一直只与母亲保持联系的男孩也将母亲作为他解决爱情和婚姻问题的中心；但这种态度的含义是，他无法想象与除母亲之外的任何人合作。他无法相信其他女人会同样顺从他。因此，俄狄浦斯情结始终是错误教育的产物。我们无需假设乱伦本能是遗传的，也无需想象这种异常行为的起源与性有关。

如果一个孩子的母亲只将他和自己捆绑在一起，当他置身于与她断开联系的环境中时，麻烦总会来临。例如，当他上学或在公园里与其他孩子玩耍时，他的目标总是与母亲保持联系。每当与母亲分开时，他都会心生怨恨。他总是希望母亲能陪伴在他身边，占据她的思绪，让她时刻关注自己。他有许多手段可以达到这个目的。他可能成为母亲的宠儿，总是表现得软弱、深情而且渴望同情。遇到任何挫折时，他都可能会哭泣或生病，以显示他有多么需要被照顾。另一方面，他也可能会发脾气，可能会违抗母亲或与母亲打架，以此来引起注意。在问题儿童中，我们发现了以成千上万种方式被娇惯的孩子，他们为赢得母亲的注意力而努力，并抗拒来自周围环境的一切要求。

孩子很快就会找到最能吸引母亲注意力的方法。被宠溺的孩子通常害怕独处，尤其害怕独自待在黑暗中。他们害怕的并不是黑暗本身，而是利用这种恐惧来让母亲离自己更近。这样一个被宠溺的孩子总是在黑暗中哭泣。有一天晚上，当母亲应声而来时，她问他："你为什么害怕？""因为这里太黑了。"他回答。但现在母亲已经看出了他的行为背后的目的。"我来之后，"她说，"是不是就没那么黑了？"黑暗本身并不重要，他对黑暗的恐惧仅仅意味着他不喜欢和母亲分开。如果这样一个孩子和母亲分开，他所有的情绪、所有的力量和所有的心智都为一件事做准备：他的母亲不得不接近他，再次与他联系在一起。他会努力通过尖叫、呼喊、无法入睡或以其他方式制造麻烦，从而让母亲靠近他。恐惧一直是教育家和心理学家关注的焦点之一。在个体心理学中，我们不再关注恐惧的原因，而是转而识别其目的。所有被宠溺的孩子都患有恐惧症：通过恐惧，他们能够吸引关注，并将这种情绪构建为他们生活方式的一部分。他们利用恐惧来实现与母亲重新联系的目标。胆小的孩子就是一个被宠溺的，并希望继续被宠溺的孩子。

有时，这些被宠溺的孩子会做噩梦，在睡梦中大叫。要解释这一现象，就要破除一个根深蒂固的误解，睡眠与清醒并非对立状态，而是意识活动的不同表现形式。事实上，孩子在梦境中的行为模式与其白天的心理活动具有高度一致性。这些孩子始终以"获取优势地位"为核心目标，这一目标深刻影响着他们的身心发展。通过反复的尝试与经验积累，他们会逐渐掌握最有效的做事方式。值得注意的是，即便在睡眠状态下，与其目标相契合的思维、意象和记忆仍会活跃于梦境之中。经过多次实践，被宠溺的孩子会敏锐地发现：那些引发恐惧的念头能有效重建与母亲的亲密联系。这种心理机制往往延续至成年期，表现为持续性的焦虑梦境。究其本质，梦中的恐惧体验实则是一种习得的"吸引关注"策略，经过长期强化后，已固化为一种条件反射式的行为模式。

这种利用焦虑的做法是如此明显，以至于如果听说一个被宠溺的孩子夜里从未制造过麻烦，我们会感到非常惊讶。吸引关注的伎俩五花八门。有些孩子会觉得床上用品不舒服，或叫嚷着要喝水。还有一些孩子会害怕劫匪或野兽。有些孩子除非父母在床边坐着，否则无法入睡。有些孩子在梦中会梦见自己从床上掉下来，有些孩子会夜尿。我治疗过的一个被宠溺的孩子似乎根本不会在夜里制造麻烦。她母亲说她睡得很香，从不做梦或醒来，完全不会制造麻烦。只有在白天，她才会制造麻烦。这非常奇怪。我提出了所有可能引起母亲注意并吸引她更亲近孩子的症状，但这个女孩没有表现出一个症状。最后，我找到了原因。我问她母亲："她睡在哪里？""和我睡在一起。"她回答。

生病经常成为被宠溺的孩子的避难所，因为生病时，他们会比平时受到更多的宠溺。这类孩子常常在病愈后的某个时段开始表现出问题，起初看起来似乎是疾病让他变成了问题儿童。然而，事实是，当他再次康复时，他留恋当他生病时所受到的过度关注。母亲无法再像当时那样去宠溺他，于是他便通过变成问题儿童来报复。有时，一个孩子注意到另一个孩子因为生病而成为关注的中心，便会希望自己也能生病，甚至会亲吻那个生病的孩子，希望能感染上同样的疾病。

有一个女孩在医院里住了4年，深受医生和护士们的宠爱。起初，当她回到家时，她的父母也对她百般呵护，但几周后，他们对她的关注就减少了。如果有人拒绝给她她想要的东西，她就会将手指放在嘴里说："我住过院。"她提醒别人她曾经生过病，并试图延续她曾经处于的那种有利的情况。我们可以在成年人身上发现同样的行为，他们经常喜欢谈论自己的疾病或经历的手术。另外，有时也会发生这样的情况：一个曾经让父母头疼的孩子在患病后康复过来，不再让他们操心。我们已经看到，器官缺陷对孩子来说是一个额外的负担，但我们也看到，它们并不足以解释孩子性格上的缺陷。一个家中的次子，因为说谎、偷窃、逃学以及残暴和违抗，制造了很多麻烦。他的老师不知如何是好，坚持要将他送进管教所。就在这时，这个男孩生病了。他患上了髋关节结核病，打着石膏，在床上躺了半年。当他康复后，他成了家中表现最好的孩子。我们无法相信他的疾病会对他产生如此大的影响；很快事情便水落石出，他的改变是由于认识到了自己之前的错误。他一直认为父母更偏爱他的哥哥，总是觉得自己受到了冷落。在生病期间，他发现自己成了关注的焦点，得到了每个人的照顾和帮助；他很聪明，不再觉得自己一直被忽视。

那种认为"将孩子从母亲身边带走，交由护士或机构抚养就能弥补母亲常犯的错误"的想法，实在荒谬至极。事实上，每当我们试图寻找母亲的替代者时，我们真正寻找的，不过是一个能履行母亲职责的人——一个像母亲一样，能真正对孩子倾注关爱与关注的人。而相比寻找替代者，训练亲生母亲如何更好地养育孩子，显然要容易得多。在孤儿院长大的孩子往往表现出对他人缺乏兴趣，究其根本，是因为他们缺乏与特定个体之间的情感纽带。有时，人们会对在福利院生活但发育迟缓的孩子进行实验：指派一名护士或修女专门照顾这个孩子；或者将他寄养在能像照顾自己的孩子一样照顾他的家庭里。只要寄养母亲选择得当，结果总是会有很大改善。只要选择的寄养家庭足够称职，这些孩子的状况往往会有显著改善。由此可见，抚养这类孩子的最佳方式，并非将他们从父母身边强行带走，而是为他们提供一个充满关爱的家庭环境——因为说到底，我们不过是在寻找能够履行父母职责的人罢了。母亲关爱的重要性，还可以从许多失败案例中得到印证：孤儿、私生子、被遗弃的孩子以及离异家庭子女，往往更容易陷入困境。众所周知，继母的角色极其难当，孩子们常常会对她产生敌意。尽管这个问题并非无解，我也曾见过成功的案例，但大多数失败源于继母未能理解孩子的心理。例如，如果母亲去世后，孩子们转而依赖父亲并受到他的宠爱，那么当继母出现时，他们自然会感到父亲的关注被剥夺，从而对她产生敌意。而一旦继母采取对抗态度，孩子们便会更加确信自己的委屈，双方的冲突也会愈演愈烈。然而，与孩子争斗注定是徒劳的——我们永远无法通过对抗来赢得他们的合作。在这些斗争中，看似弱势的孩子反而占据上风，因为强迫永远无法换来真正的合作与爱。如果我们能明白这一点，世界上就能减少无数的紧张关系和无谓的消耗。

在家庭生活中，父亲的角色与母亲的角色同样重要。起初，他与孩子的关系不那么亲密，他的影响后来才会显现。我们已经描述过，如果母亲无法引导孩子对父亲产生兴趣，会产生一些危险。孩子在社会情感的发展上会遭受严重的阻碍。如果父母的婚姻不幸福，孩子就会处于危险之中。母亲可能觉得自己无法让父亲融入家庭生活；她可能希望完全独占孩子。也许父母双方都将孩子作为他们个人战争中的一枚棋子。每个人都希望孩子依恋自己；希望自己比伴侣更受孩子的喜爱。如果孩子发现父母之间存在分歧，他们就会巧妙地利用这一点，让父母相互对立。于是就会产生一种竞争，看谁能更好地管教孩子或谁更溺爱孩子。在这种氛围中，是不可能培养孩子的合作精神的。他经历的第一次合作是他父母之间的合作；如果父母之间的合作很差，就不可能指望父母教会孩子合作精神。此外，孩子对婚姻和两性合作关系的第一印象来自父母的婚姻。除非第一印象得到纠正，否则那些来自不幸婚姻家庭的孩子在长大后会对婚姻持悲观态度。即使他们成年后，也会觉得婚姻注定会以悲剧收场。他们会试图避开异性，或者他们会确信自己在与异性交往时会失败。因此，如果父母的婚姻不是社会生活的一部分，不是社会生活的产物，也不是社会生活的准备，那么孩子的身心发展就会受到非常严重的阻碍。婚姻的意义在于，它应该是两个人为了互相的福祉、子女的福祉和社会的福祉而结成的合作关系；如果它在任何一个方面失败了，就不符合人生的要求。

　　婚姻的本质是平等的合作关系，任何一方都不应凌驾于另一方之上。这一原则看似简单，却值得我们深入思考。在健康的家庭生活中，权威的强制作用毫无必要；若某个成员被过度推崇或显得高人一等，必将导致不幸的后果。当父亲以暴躁的脾气试图支配全家时，男孩们会形成扭曲的男性角色认知。对女孩而言，这种伤害更为深远——她们会将男性与暴君画上等号，将婚姻视为屈从与奴役。为了保护自己，她们可能发展出反常的防御机制。反之，若母亲专横跋扈，对家人颐指气使，女孩很可能效仿其刻薄行径，而男孩则会陷入持续的防御状态，对批评过度敏感，时刻警惕被控制的可能。有时不仅是母亲，其他女性亲属也会加入管教的行列，使男孩变得畏缩内向，甚至产生对所有女性的恐惧，最终逃避一切社交关系。逃避批评若成为人生目标，必将扭曲个体的所有社会关系。

持"非胜即败"二元思维的人，永远无法建立真正的伙伴关系。父亲的职责可以概括为三点：首先，他必须向妻子、孩子和社会证明自己的正直品格；其次，他需要妥善处理职业、友谊和爱情这三大人生课题；最后，他必须与妻子平等协作，共同守护家庭。要记住，女性在营造家庭生活方面的贡献无可替代。父亲的角色不是取代母亲，而是与之并肩同行。在家庭经济方面，即便他是主要收入来源，教养孩子始终是共同事务。他不应摆出施舍者的姿态，而要明白经济分工只是家庭合作的体现。遗憾的是，许多父亲滥用经济优势来维持统治地位。我们必须警惕一切可能引发不平等感的言行。每个父亲都应当意识到：我们的文化过度强化了男性特权，这使得妻子可能天然地恐惧被支配。他必须理解，妻子并不会因为性别差异或经济贡献的不同而低人一等。真正的家庭合作中，谁赚钱、钱归谁从来都不是问题——重要的是共同创造的生活价值。

　　父亲对孩子的影响深远而持久：许多人终其一生要么将父亲奉为理想楷模，要么视作毕生之敌。必须明确指出，惩罚教育，尤其是体罚，对孩子的成长有百害而无一利。任何无法在平等友爱的氛围中施行的教育，本质上都是失败的教育。令人遗憾的是，在家庭结构中，惩罚者的角色往往由父亲承担，这种安排造成了多重负面影响。首先，这折射出母亲潜意识里的自卑：她默认女性天生缺乏管教能力，必须依靠"更强硬"的男性来维持秩序。当母亲说出"等你父亲回来收拾你"这样的话时，她实际上在向孩子灌输一种危险的认知——男性才是终极权威与力量的象征。其次，这种做法严重损害了亲子关系，使孩子对父亲产生畏惧而非敬爱，将本应亲密的父子情谊异化为压迫者与被压迫者的对立。或许有些母亲担心亲自惩戒会损害自己在孩子心中的形象，但将惩罚权转嫁给父亲绝非解决之道。即便搬出"行刑人"来威慑孩子，母亲在孩子心目中引发的怨恨丝毫不会减少。现实中，不少母亲仍习惯用"告诉爸爸"作为威胁手段，迫使孩子就范。试想，在这样的成长环境中，孩子们会形成怎样扭曲的性别认知？他们又将如何理解男性在社会中的角色定位？

如果父亲能以有益的方式应对人生中的三大问题，他就会成为家庭中不可或缺的一员，成为一个好丈夫和好父亲。他必须能够轻松地与他人相处、结交朋友。如果他能交到朋友，他便已将家庭融入周围的社会生活之中。他将不再孤僻，不再受传统观念的束缚。来自家庭外部的影响正在进入家庭，他正在向孩子们展示如何培养社交情感和合作精神。然而，如果夫妻有不同的朋友圈，则着实危险。他们应该有一个共同的社交圈，避免因各自交友而彼此疏远。当然，我并不是说他们应该总是黏在一起，从不单独外出；而是说他们在一起时不应该有任何困难。例如，如果丈夫不愿将妻子介绍给他的朋友们，那么就会给夫妻关系带来麻烦。在这种情况下，他的社交圈的中心在家庭之外。在孩子的发展过程中，让他们认识到家庭是更大社会的一个部分，并且在家庭之外也存在着值得信赖的人和同伴，这一点是非常宝贵的。

父亲若能与其父母、兄弟、姐妹保持融洽关系，这往往是其具备合作能力的有力证明。当然，成家后他需要从原生家庭中独立出来，但这绝不意味着要与至亲疏远或断绝联系。值得注意的是，有些夫妻婚后仍过度依赖父母，他们口中的"家"始终指向原生家庭。这种将父母视为生活重心的状态，势必阻碍新家庭真正意义上的建立。这种现象本质上考验着每个人的合作能力。常见的情况是，男方父母因过度关心而产生嫉妒心理，事无巨细地干涉儿子的新生活，这自然会给新婚妻子带来困扰。妻子会感到自己未被充分重视，对公婆的越界行为产生强烈抵触。这种矛盾在男方违背父母意愿结婚时尤为突出。需要明确的是，在婚前，父母有权对子女的婚姻选择提出异议；但婚后，他们唯一正确的做法就是全力支持这段婚姻。当家庭矛盾不可避免时，丈夫应当理性看待：既不必过度焦虑，也不必将父母的反对视为绝对真理，而是要用实际行动证明自己选择的正确性。理想的处理方式是：夫妻双方不必盲目顺从父母，但若能建立良性互动，特别是让妻子感受到公婆的关心是出于善意而非私心，问题就会容易解决得多。

在当代社会，父亲的首要职责无疑是妥善解决家庭的经济问题。这意味着他需要接受专业训练，掌握谋生技能，承担起养家糊口的责任。虽然在这个过程中，他可能会获得妻子的协助，未来也可能得到子女的支持，但在现有的社会结构中，经济支柱的角色仍主要由男性担当。要胜任这一职责，父亲必须具备勤奋工作的态度、直面挑战的勇气，以及对本行业的深刻理解-——既要清楚其中的机遇，也要明白可能面临的风险。此外，他还需要具备良好的团队协作能力，赢得同行的尊重与认可。然而，这些还远远不够。父亲的工作态度实际上在为子女树立职业观的榜样。因此，他应当认识到：真正的职业成功不在于个人得失，而在于所从事的工作能否造福社会、促进人类福祉。值得注意的是，我们评判一份工作的价值，不应取决于从业者主观的看法，而要看其客观的社会贡献。即便一个人自认为动机自私，只要他的工作确实有益于社会，这样的职业选择就值得肯定。

我们现在要探讨的是爱情问题的解决方案，即婚姻和建立幸福而有意义的家庭生活。对丈夫的主要要求是，他应该对自己的伴侣感兴趣；一个人是否对另一个人感兴趣，很容易看出来。如果他对伴侣感兴趣，他会爱屋及乌，对伴侣感兴趣的事物也感兴趣，并自发地将伴侣的福祉视为自己的目标。但仅凭感情并不能证明兴趣所在；对于我们来说，有太多种类的感情，我们不能将其视为一种足够的、表明一切都好的充分证据。他还必须是妻子的伙伴；他必须努力让她的人生更加轻松和丰富；他必须以取悦她为乐。只有当伴侣都将共同福祉置于个人福祉之上时，才能实现真正的合作。伴侣双方都必须对对方比对自己更感兴趣。

父母在孩子面前表达爱意需要把握适度原则。夫妻之爱与亲子之爱本质上是两种不同的情感形式，它们各自独立存在，互不冲突。然而，若父母在子女面前过分直白地展示亲密关系，可能会让孩子产生被边缘化的感受，继而引发嫉妒心理，甚至刻意制造家庭矛盾。性教育尤其需要谨慎对待，在这方面，建议父亲负责向儿子解释，母亲则负责向女儿说明。关键在于遵循"有问才答"的原则，根据孩子的认知发展阶段，只解答他们主动提出的、能够理解的问题。当代性教育存在一个值得警惕的现象：有些家长过早地向孩子灌输超出其理解能力的性知识，这种做法不仅无法达到教育目的，反而可能过早地激发孩子尚未成熟的情感和兴趣。这种将性问题简单化、随意化的倾向，与过去那种完全回避性话题的极端做法同样不可取。最理想的方式是：耐心倾听孩子的真实困惑，只解答他们当下思考的问题，而非强行灌输我们认为"应该知道"的内容。保持孩子的信任至关重要，要让他们感受到我们始终是共同探索问题的伙伴，而非居高临下的说教者。只要秉持这种合作态度，就很少会犯根本性错误。值得一提的是，许多父母过度担忧孩子会从同伴处获得错误的性知识，这种忧虑大多缺乏依据。一个在合作精神和独立思考能力方面得到良好培养的孩子，完全能够辨别同伴谈话的内容；事实上，孩子在这类问题上往往比成人想象的更敏锐。对于那些尚未形成错误认知的孩子来说，所谓的"街头解释"很难产生实质性的负面影响。

在当今社会，男性有更多的机会体验社会生活，了解社会制度及其利弊，以及本国和全世界的政治关系。他们的活动范围比女性的活动范围更广。因此，在这些问题上，父亲有责任成为他妻子和孩子的顾问。他永远不应该夸耀自己更丰富的经历并从中攫取好处。他并非家庭导师。相反，他应该像朋友对朋友那样给出建议，避免任何抵触情绪，如果其他人能够同意他的建议，他会感到高兴。如果妻子因未受过良好的合作训练而抗拒，他不应坚持己见或试图施加权威，而应寻找减少这种抵触情绪的方法。通过对抗是无法取得成功的。

金钱不应被过分看重，也不应成为争吵的主题。那些自己不赚钱的女性通常比她们的丈夫所认为的要敏感得多，如果被指责挥霍浪费，她们会觉得受到了深深的伤害。财务事务应该在家庭经济能力范围内，以合作的方式加以解决。如果妻子或子女利用情感影响力迫使父亲承担超出其承受能力的经济支出，这种行为无论如何都不值得提倡。最理想的方式是从一开始就建立清晰的财务约定，确保每位家庭成员既不会产生依赖心理，也不会感到遭受不公待遇。值得强调的是，父亲切不可误以为仅凭物质财富就能为孩子铺就未来之路。我曾读过一位美国人写的一本有趣的小册子，他在其中描述了一个出身贫穷家庭的富人，希望确保他的后代能够世世代代摆脱贫穷和束缚。他去找律师，问律师如何才能做到。律师问他多少代能满足他的要求；他回答说，他认为自己能管到第10代。"是的，你可以做到，"律师说，"但你有没有意识到，到第十代时，这个孩子将同时拥有500多位与您血脉相连的亲戚？他还算是你的后代吗？"在这里我们可以再次看到一个事实的例证：无论我们为自己的后代做了什么，实际上都是在为整个群体作贡献。我们无法摆脱与他人的这种联系。

如果家庭中没有任何权威，那就必须有真正的合作。父母必须在一切与孩子教育有关的事情上共同努力、达成一致。父亲和母亲都不应在孩子之间表现出任何偏爱，这一点至关重要。再怎么夸张地描述偏爱的危险性也不为过。童年时期的几乎每一个挫败感都源于感觉别人更受偏爱。有时候这种感觉完全没有根据；但在真正平等的情况下，这种感觉本不应有滋生的机会。如果更偏爱男孩，女孩就几乎不可避免地会产生自卑情结。孩子们非常敏感，即使是一个很好的孩子，如果怀疑别人更受偏爱，他们也会走上完全错误的人生道路。有时，其中一个孩子发展得更快，或者比其他孩子更讨喜，这时父母很难不表现出对这个孩子的更多喜爱。父母应该足够有经验、足够巧妙，以避免表现出任何这样的偏爱。否则，那个发展得更好的孩子会使其他孩子都黯然失色、灰心丧气；后者会嫉妒前者，怀疑自己的能力，他们的合作能力也会受挫。仅仅说自己没有这种偏爱是不够的。父母必须反思自己是否有任何孩子怀疑的偏爱存在。

在探讨家庭合作时，子女间的平等合作同样至关重要。只有当孩子们在成长过程中真正体验到平等，他们才能为未来的社会合作做好充分准备；同样，唯有当男孩女孩都感受到性别平等，两性关系才能健康发展。面对"为何同父同母的孩子差异如此显著"的疑问，某些学者试图用遗传差异来解释，但这不过是另一种形式的迷信。不妨将孩子的成长比作树木的生长：即使生长在同一片林地，每棵树所处的微观环境都截然不同。若其中一棵树因阳光充足、土壤肥沃而生长迅猛，它扩张的树冠会遮蔽其他树木，它蔓延的根系会掠夺养分，最终导致其他树木发育不良。家庭中的成员关系亦是如此——当某个孩子过于突出时，必然会影响其他子女的成长。我们早已明确，父母中的任何一方都不应在家庭中占据支配地位。现实中，当父亲成就斐然或才华横溢时，子女往往会陷入"永远无法企及"的绝望，逐渐丧失生活热情。这正是许多名人子女令父母和社会失望的深层原因——在他们眼中，超越父母的可能性微乎其微。因此，即便父亲在事业上取得显赫成就，也切忌在家庭中过分强调，否则必将阻碍孩子的正常发展。

　　同样的道理也适用于孩子们之间。如果一个孩子特别出色，很可能会获得大部分的关注和青睐。对他来说，这是一个愉快的情况；但其他孩子会感觉到这种差异并对此耿耿于怀。一个人不可能不带着厌恶和愤怒去忍受自己处于比别人低的地位。一个如此突出的孩子会损害其他所有孩子，甚至可以说，其他孩子都会因为精神上的匮乏而痛苦地成长。他们不会停止追求优越，因为这种追求永无止境。然而，他们的追求会转向其他可能并不现实或无益于社会的方向。

　　个体心理学通过探究出生顺序对孩子的利弊，为研究工作开辟了一个非常广阔的领域。为了简化这方面的考虑，我们假设父母在培养孩子方面配合默契，尽心尽力。每个孩子在家庭中的地位仍然会产生很大的差异，每个孩子的成长环境都是不一样的。我们必须再次强调，家庭中任何两个孩子的情况都不可能完全相同；每个孩子在生活方式上都会体现出他努力适应自己特殊环境的结果。

　　每个长子女都曾经历过一段独享父母关爱的时光，这使得他们在弟弟、妹妹降生时面临独特的心理挑战。作为家庭最初的焦点，长子女往往享受着过度的关注与宠爱，逐渐习惯于成为家庭的中心。然而，当新生命降临，这种特权地位往往在毫无预警的情况下被骤然剥夺——他们不得不面对一个残酷的现实：必须与"入侵者"分享父母的关爱。这种突如其来的身份转变常给长子女留下深刻的心理印记。大量临床案例显示，许多问题儿童、神经症患者乃至违法犯罪者，其行为偏差的根源都可追溯至这种早期经历。作为曾经的"唯一"，他们对家庭新成员的到来异常敏感，那种被取代的失落感往往会渗透进他们的人格基质，最终塑造出扭曲的生活方式。这种"长子/长女综合征"在心理学研究中已被反复证实——当爱的垄断被打破时，若缺乏恰当的引导，最初的宠儿很容易演变成家庭的问题中心。

其他子女虽然也会经历类似的身份转变，但心理冲击往往相对缓和。因为他们早已适应了与兄弟姐妹共享父母关爱的家庭模式，从未体验过独享关注的绝对特权。然而对长子女而言，这种转变却是颠覆性的——他们必须从家庭中心的宝座骤然退位。倘若父母在此期间确实表现出明显的忽视，孩子产生怨恨情绪实属人之常情。事实上，这场危机完全可以化解：只要父母让长子确信自己的爱并未减少，帮助他做好迎接新成员的准备，并培养其合作意识，过渡期就能平稳度过。可惜现实中，多数长子并未获得这样的引导。当新生儿毫无预警地夺走原本专属的关注与宠爱时，长子往往会启动一系列"爱的争夺战"——我们常看到两个孩子同时拉扯母亲，各自使出浑身解数吸引注意。年长的孩子往往更具优势：他们既懂得使用蛮力，又擅长发明新策略。设身处地想想，若我们处于他的境地，恐怕也会采取相同行动：制造事端引发母亲担忧，发展出令人无法忽视的行为特征。然而可悲的是，这种抗争最终只会耗尽母亲的耐心。他越是拼命争取爱，就越是加速爱的流失——这形成了一个恶性循环。他真切地感受到被边缘化的痛苦，却将一切归咎于外界："我早就知道会这样""错的是他们"。就像陷入流沙的困兽，越是挣扎，沉沦得越快。当所有迹象似乎都在验证他的被害妄想时，他又如何能主动停止这场注定失败的战斗呢？

在每一次这样的抗争中，我们都必须深入了解具体的情况。如果母亲也和他作对，孩子就会变得暴躁、狂野、挑剔和不服管教。当他转而反抗母亲时，父亲往往会给他一个机会，让他重新获得昔日的宠爱。他开始对父亲产生兴趣，并试图赢得他的关注和喜爱。长子通常更喜欢他们的父亲，也更倾向于站在父亲那边。我们可以确信，无论孩子何时偏爱父亲，这都只是一个次要的阶段：起初，他依恋的是母亲，但现在她失去了他的爱，他已经将这份爱转移到父亲身上，以此作为对她的责备。如果一个孩子更喜欢父亲，我们就知道他之前经历过一场悲剧；他曾感到被冷落和被忽视；他无法忘记这种感觉，他的整个生活方式都是围绕这种感觉构建的。

这种斗争持续了很长时间，有时甚至会持续一生。孩子被训练成争斗和抗拒的性格，他在任何情况下都会继续争斗。也许根本没有人能引起他的兴趣。那么他会变得绝望，认为自己永远无法赢得他人的喜爱。于是我们发现他表现出这样的特点：爱发牢骚、腼腆、不合群。这个孩子训练让自己孤立起来。他的一举一动、一言一行都指向过去，指向自己曾经是众人焦点的那段时光。正因如此，最年长的孩子通常会以这样或那样的方式表现出对过去的兴趣。他们喜欢回顾过去，谈论过去。他们是过去的拥趸，对未来的态度则较为悲观。有时，一个失去了权力、失去了统治的小王国的孩子，比其他人更明白权力和权威的重要性。当他长大后，他喜欢行使权威，夸大规则和法律的重要性。一切都应该按规则办事，任何规则都不应该被改变。权力应该永远掌握在那些有权力的人手中。我们可以理解，童年时期的这些影响会给人一种强烈的保守主义倾向。如果这样的个体为自己建立了一个良好的处境，他总是怀疑其他人正在从他身后追赶上来，企图夺取他的位置，将他赶下台。

最年长孩子的处境提出了一个特殊的问题，但这个问题可以得到很好的解决，甚至转化为优势。如果在较小的孩子出生时，他已经接受了合作的训练，他就不会受到伤害。在这些最年长的孩子中，我们发现有些人会努力保护他人，为他人提供帮助。他们会模仿父亲或母亲，经常会在弟弟、妹妹面前扮演父母的角色，照顾他们，教导他们，并为他们的福祉负起责任。有时他们会发展出卓越的组织才能。这些都是理想的情况，不过，即使是保护他人的努力，也可能夸大成一种让他人依赖自己并统治他人的愿望。根据我在欧洲和美国的经验，我发现问题儿童中占比最大的是最年长的孩子；紧随其后的是最小的孩子。有趣的是，这些极端的位置产生了极端的问题。我们现有的教育方法还没有成功地解决最年长孩子所面临的困难。

第二个孩子的情况与其他孩子截然不同。从出生开始，他就要与另一个孩子分享关注，因此，他比最年长的孩子更懂得合作。他所处的环境中有更多的人；如果最年长的孩子没有与他作对并将他推开，他的处境便会十分有利。他所处的情况有一个更为重要的特征。在整个童年，他都有一个领跑者。总有一个比他年纪更大、发展程度更高的孩子，激励他努力追赶上去。第二个孩子很容易辨认出来。他的行为举止仿佛在参加一场赛跑，仿佛有人比他领先一两步，他就不得不加快步伐超过对方。他总是全力以赴。他不断地训练，以超越和征服哥哥。《圣经》为我们提供了许多精彩的心理学启示，雅各的故事生动描绘了典型的第二个孩子。雅各希望成为长子，骗走以扫的长子地位，击败以扫并超越他。第二个孩子会被落后的感觉激怒，努力追赶上去。他往往能够成功。第二个孩子往往比第一个孩子更有天赋、更出色。在此，我们不能将遗传视为促成这一发展的因素。如果他进步得更快，那是因为他训练得更多。即使长大成人，离开家庭，他也常常会找到一个领跑者，将自己与他认为处境更为优越的人进行比较，并试图超越对方。

这些特征不仅在现实生活中可见，也会在人格的各种表现中留下痕迹，甚至在梦境中也能轻易发现。例如，最年长的孩子经常做掉落下来的梦。他们虽然身处高位，但并不确定能否保持自己的优势。而第二个孩子经常梦见自己在参加比赛。他们追赶火车，或参加自行车比赛。有时，梦中的这种匆忙本身就足以让我们猜测这个人是第二个孩子。

需要特别强调的是，子女的性格特征并非简单地由出生顺序决定。决定性的因素在于成长环境中的心理处境，而非单纯的排行顺序。在某些特殊情况下，即便是非长子女也可能表现出典型的"长子特征"。例如，在一个多子女家庭中，若前两个孩子年龄相近，而第三个孩子的年龄与后续子女间隔较大，这个"中间孩子"往往就会承担起长子的心理角色。同样，典型的"次子特征"也可能出现在排行更靠后的子女身上。关键在于：当两个孩子形成相对独立的成长单元时，他们就会自然呈现出长子与次子的典型特质。

在兄弟姐妹的竞争中，若长子失去优势地位，往往会成为问题行为的制造者；反之，若长子始终保持压制性优势，则次子更容易出现问题。特别值得关注的是兄妹组合——当长子是男孩而次子是女孩时，男孩面临着特殊的心理压力。在当前社会文化背景下，被妹妹超越常被视为一种耻辱。相较兄弟或姐妹组合，兄妹之间的竞争往往更为激烈。由于女孩在16岁前的生理和智力发育普遍领先，这种天然的成长差异可能导致哥哥采取两种极端应对方式：要么消极退缩，陷入懒惰与沮丧；要么诉诸欺骗、夸大等不当手段来维持优势。但无论哪种情况，最终胜出的往往是妹妹——我们会看到男孩在错误的道路上越走越远，而女孩则从容应对挑战，不断取得进步。这些潜在冲突完全可以预防，关键在于家长要提前识别风险并采取干预措施。唯有在真正平等、互助的家庭环境中，才能避免这种恶性竞争——在这样的家庭里，没有孩子会视手足为敌，也不会将宝贵精力浪费在无谓的争斗上。

　　每个孩子都可能面临被后来者取代的处境，唯独幼子是个例外——他永远享有"家中宝贝"这一不可撼动的特殊地位。没有更年幼的竞争者追赶，却有众多兄长作为榜样，这样的处境既带来被溺爱的风险，也蕴含着独特的成长优势。历史一再证明，正是这种特殊的家庭位置，往往能激发出幼子惊人的发展潜力。在众多刺激因素的推动下，他们常常能后来居上，超越年长的兄弟姐妹。在人类最古老的故事中，我们都有关于最小的孩子如何超越兄弟姐妹的记载。在《圣经》中，总是最小的孩子获胜。约瑟就是作为最小的孩子被抚养长大。便雅悯比约瑟晚出生17年；但便雅悯在约瑟的发展中没有扮演任何角色。约瑟的生活方式完全符合一个最小的孩子的典型生活方式。他总是宣称自己的优越性，甚至在梦中也是：其他人必须向他鞠躬；他比所有人都出众。他的兄弟们非常了解他的梦。对他们来说，理解这个梦并不困难，因为约瑟就在他们中间，他的态度是那么明确。约瑟在梦中唤起的情感，他们也曾经历过。他们害怕他，想要摆脱他。然而，约瑟从最后一个变成了第一个。在后来的日子里，他成了整个家族的支柱和支撑。最小的孩子经常成为整个家庭的支柱，这绝非偶然。人们一直知道这一点，并讲述关于最小孩子的力量的故事。事实上，他的处境非常有利：有母亲、父亲和兄弟们的帮助；有如此多的因素激发他的抱负和潜力；没有人从背后攻击他，也没有人分散他的注意力。

然而，令人深思的是，我们的观察显示，问题儿童中占比第二高的群体恰恰是这些家庭中最年幼的孩子。这种现象的根源往往在于家庭成员对其的溺爱。一个长期被娇纵的孩子，其独立性发展必然受阻——他们逐渐丧失了通过自身努力获得成功的勇气。值得注意的是，这些年幼的孩子通常表现出强烈的抱负，但颇具讽刺意味的是，最具抱负的往往正是那些看似最懒惰的孩子。这种懒惰实质上是抱负与挫败感并存的典型表现：当个体的抱负过于远大时，反而会因看不到实现的可能而陷入消极。更值得关注的是，某些年幼的孩子甚至会刻意否认自己的抱负，这源于他们渴望在所有领域都独占鳌头，追求一种近乎完美的、无可比拟的存在状态。这种心理机制的形成不难理解：在家庭环境中，每个成员都比他们年长、强壮且经验丰富，这种天然的差距极易催生强烈的自卑情结。

独生子女也有自己的问题。他有一个竞争对手，但这个竞争对手不是兄弟或姐妹，而是父亲。独生子女被母亲宠溺着。她害怕失去他，希望时刻关注他。他发展出了所谓的"恋母情结"，孩子被母亲的情感所束缚，甚至会产生排斥父亲的倾向。唯有父母双方协同合作，让孩子均衡地依恋双亲，才能避免这种失衡；可惜现实中，父亲对孩子的投入往往不及母亲。值得注意的是，长子/长女有时会表现出与独生子女相似的心理特征：他们都倾向于挑战父亲的权威，并对年长者产生特殊好感。独生子女往往对可能出现的弟弟或妹妹怀有深切的恐惧，当亲友打趣说"该有个弟弟或妹妹了"时，他们会表现出强烈的抵触情绪。维持"家庭中心"的地位被他们视为与生俱来的权利，任何可能动摇这一地位的变动都会引发其强烈的不公平感。这种心理定势将为其日后不再成为关注焦点时的人生阶段埋下隐患。独生子女面临的另一个成长危机，是可能置身于一个充满焦虑的家庭环境中。当父母因生理原因无法再生育时，他们只能尽力应对既成的独生子女问题；但更常见的情况是，父母出于对经济压力的悲观预期而主动选择只生一个孩子。这种充满忧虑的家庭氛围，以及父母对养育多个子女能力的自我怀疑，都会对独生子女的成长产生深远的负面影响。

　　如果孩子们的出生时间相隔较大，每个孩子都会有一些独生子女的特征。这种情况并不十分有利。我常被问道："你认为家庭中孩子的出生间隔最好是多久？孩子们应该很快接连出生，还是间隔时间较长？"根据我的经验，最佳的间隔时间大约是三年。在3岁时，如果有一个较小的孩子出生，孩子就能够与父母合作了。他足够聪明，能够理解一个家庭中可以有不止一个孩子。如果他只有一两岁，我们就无法与他讨论这件事；他无法理解我们的观点。因此，他将无法为这件大事做好适当的准备。

在一个完全由女性主导的家庭中长大的男孩，往往会面临特殊的成长困境。他被包围在浓厚的女性氛围中——父亲长期缺席，日常接触的只有母亲、姐妹和女佣。这种环境使他从小就感到自己"与众不同"，甚至陷入一种孤立的状态。如果家中的女性成员联合起来管教他，情况会更加复杂：她们可能认为必须集体参与对他的教育，或者试图打压他可能滋生的自负心理。于是，家庭内部往往充斥着激烈的对抗和竞争。如果是排行中间的孩子，他可能面临最艰难的处境——夹在姐妹之间，承受来自两方的压力；如果是长子，他可能不得不面对一个强势的女性竞争者（通常是姐姐）的紧逼；如果是幼子，他则可能被当作"宠物"般对待，既受宠爱，又被轻视。但无论如何，作为女性群体中唯一的男孩，他往往处于一种尴尬的境地——既不被真正接纳，也难以找到自己的位置。如果他能参与更广泛的社交活动，与其他男孩接触，这种困境或许能得到缓解。否则，长期被女性环绕的他，可能会不自觉地模仿女性的行为方式，甚至形成女性化的审美和人生观。事实上，纯女性环境与男女混合的环境截然不同。例如，纯女性居住的空间通常整洁有序，色彩搭配考究，细节处处精致；有男性存在的空间则往往更显粗犷——噪声更多，家具磨损更明显，整体氛围也更随意。在纯女性环境中成长的男孩，很可能会发展出女性化的偏好，甚至以女性的视角看待世界。这种潜移默化的影响，可能深远地塑造他的性格和未来的人际关系模式。

　　另一方面，他也可能强烈反对这种氛围，极力强调自己的男子气概。于是，他会时刻保持警惕，以免被女性支配。他会觉得自己必须肯定自己的差异和优越性；但总会有紧张情绪存在。他的发展会走极端，要么将自己训练得非常强壮，要么将自己训练得非常软弱。这是一种值得研究和探讨的情况，它并不常见。在深入探讨之前，我们必须研究更多的案例。同样地，在男孩中长大的独生女也容易发展出极其女性化或极其男性化的特质。她的一生常常会被不安全感和无助感困扰着。

　　无论我在哪里研究成年人，我都发现他们的童年早期给他们留下了深刻的印象，这些印象永远不会消失。家庭地位对生活方式有着不可磨灭的影响。每一种发展上的困难都是由家庭中的竞争和缺乏合作造成的。如果我们观察我们的社会生活并询问为什么竞争和对抗是其最明显的特征——实际上，不仅在我们的社会生活中，而且在我们的整个世界中——那么我们必须认识到，人们在任何地方都在追求成为征服者的目标，超越和战胜他人。

　　这是童年早期训练的结果，是那些没有感到自己是整个家庭平等一员的孩子们竞争和相互追赶的结果。我们只有通过更好地训练孩子们合作，才能摆脱这些不利的因素。

第七章　学校的影响

学校是家庭的延伸。如果父母能够亲自承担起教育孩子的重任，并使他们足以应对生活中的种种挑战，就不需要学校教育了。在其他文化中，孩子几乎完全是在家庭中培养的。一个工匠会让他的儿子们继承自己的手艺，并教他们从自己的父亲那里以及从实践经验中获得技巧。然而，我们现有的文化对我们提出了更为复杂的要求，学校有必要减轻父母的育儿负担，接续他们已经开始的教养儿童的工作。社会生活要求其成员具备较高程度的教育，而我们在家中所能提供的教育往往达不到这个要求。

美国的学校并没有经历过欧洲所经历的所有发展阶段，但有时我们仍然可以看到某种权威主义传统的遗迹。起初，在欧洲教育史上，只有贵族才能接受学校教育。他们是社会中唯一被赋予价值的成员：其他人被期望做好自己的工作，而非追求更高的价值。后来，教育对象的范围扩大了。教育被宗教机构接管，少数精挑细选的人可以接受宗教、艺术、科学和专业学科的培养。

当工业技术开始发展时，这些形式的教育就完全不够用了。争取更广泛的教育是一场旷日持久的斗争。村镇里的教师往往是鞋匠和裁缝。他们手持棍棒教书，效果很差。只有宗教学校和大学提供艺术和科学教育，有时连皇帝都不能识文断字。现在工人必须有读写、计算和绘图能力，于是公立学校就此建立了。

然而，这些学校总是根据政府的意志建立的，而当时的政府旨在培养听话的臣民，为上层阶级服务，且随时可征召入伍。学校的课程亦为此而设。我还记得在奥地利，这种情形在某种程度上仍然存在；对底层阶级的教育，旨在使其顺从，让他们能与自己的地位相称。这种类型的教育的不足之处变得越来越明显。自由思想逐渐兴起；工人阶级日益壮大，并提出了更高的要求。公立学校可以适应这些要求；现在，教育的普遍目标是让孩子们学会独立思考，让他们有机会接触文学、艺术和科学，并成长为分享我们整个人类文化并为其做出贡献的人。我们不再满足于仅将孩子培养为赚钱机器或在工业体系下谋得一份职业。我们需要的是同伴。我们希望在共同的文化工作中有平等、独立和负责任的合作者。

不管他们是否意识到这一点，所有提出学校改革建议的人都在寻求一种方法来提高学生在社会生活中的合作程度。例如，要求开展品德教育就是出于这个目的；如果我们从这个角度来理解，这无疑是一个正确的要求。然而，总的来说，教育的目标和技术还没有被人们彻底理解。我们必须找到能够教导孩子不要仅忙着赚钱，而且要以对人类有益的方式工作的教师。他们必须了解这项任务的重要性，并且必须接受相应的训练以完成它。品德教育仍处于试验阶段。我们可以先不考虑法院——到目前为止，那里还未有过严肃且系统的品格教育尝试。然而，即使在学校，结果也不太令人满意。来上学的孩子已是家庭生活中的失败者；尽管他们听了无数讲座和劝勉，但错误并没有减少。因此，我们只能训练教师去理解并帮助孩子在学校里成长。

这是我工作的一个重要部分；我相信维也纳的许多学校在这方面领先于其他学校。在其他地方，有精神科医生为孩子们看病并给出建议；但除非教师同意并理解如何执行这些建议，否则那样做又有什么好处呢？精神病学家每周见孩子一次或两次，甚至可能每天一次——但他并不真正了解来自自然环境、家庭内部、社会环境以及学校本身的影响。他可能会写个便条说孩子应该加强营养或接受甲状腺治疗。也许他会给教师一些关于孩子个人治疗的建议。然而，教师不知道这些建议的目的，也不具备避免犯错的经验。除非他自己了解孩子的性格，否则他什么也做不了。我们需要精神科医生和教师之间最密切的合作。教师必须了解精神科医生知道的一切，这样，在讨论了孩子的问题后，他就可以独立处理问题，无须进一步的帮助。如果出现任何意料之外的问题，他知道该怎么做，就像精神科医生在场时一样。最实用的方法似乎是咨询委员会，比如我们在维也纳建立的那种咨询委员会。这一方法我将在本章结尾描述。

当孩子第一次上学时，他正面临社会生活的一个新考验；这个考验将暴露他成长过程中的所有错误。现在他必须在比以前更广泛的领域里与人合作，如果他一直在家里被宠溺，他可能不愿意离开自己的庇护所，不愿意与其他孩子一起参与学校活动。通过这种方式，我们可以看到一个被宠溺的孩子在上学的第一天就展现出社会情感的各种局限。他可能会哭泣并希望被带回家。他不会对学校任务和教师感兴趣。他不会听别人说什么，因为他全神贯注于自己。不难看出，如果他继续自私自利，他在学校就会一直落后。经常有家长告诉我们，一个问题儿童在家里从不制造麻烦，问题只在他上学时才出现。我们可以推测这个孩子觉得自己在家庭中处于一个特别有利的情况。在那里，他不会受到任何考验，他成长过程中的错误也不明显。然而，在学校里，他再也不会被宠溺，他会将这种情况视为一种失败。

有一个孩子，从上学的第一天起，就对老师的每一句话都嗤之以鼻。他对学业没有任何兴趣，人们认为他一定有智力障碍。当我见到他时，我对他说："大家都很奇怪，为什么你在学校总是大笑。"他回答说："学校是一个由父母编造的愚弄孩子的玩笑。"在家里，他经常被人开玩笑，他认为每一个新情况都是对他开的新玩笑。我向他解释，他太看重自己的尊严了；其实并非每个人都在愚弄他。从那以后，他对学业产生了兴趣，也取得了很大的进步。

老师的任务就是要发现孩子们的各种困难，并纠正父母的各种错误。他们发现，有些孩子已经为这种更广阔的社会生活做好了准备；这些孩子在家里就已经被培养成对他人感兴趣的人了。但也有一些孩子还没有做好准备；每当遇到没有做好准备的问题时，他就会犹豫或退缩。每一个进步慢但心智正常的孩子，在适应社会生活的问题上都会犹豫不决，而老师是最能帮助他们应对这种新情况的人。

但他应该如何帮助孩子呢？他必须做一个母亲应该做的事情——与孩子建立联系，并引起他的兴趣。孩子未来的适应完全取决于自己的兴趣。严厉或惩罚永远无法让孩子产生兴趣。如果一个孩子来上学，发现很难与老师和同学建立联系，甚至最糟糕的是他们都批评和责骂他，这种方法只会更加证明他对学校的厌恶是正确的。我必须承认，如果我自己是一个总是在学校被责骂和责备的孩子，我会尽可能地将我的兴趣从老师身上移开来。我会寻找进入一种新环境和完全逃避上学的方式。正是因为以这种方式给孩子制造了一个人为的不愉快的环境，他们才会逃学，成为品行不良的学生，并给人一种愚蠢、难以管教的印象。他们并非真的愚蠢；他们经常表现出巧妙的创造力，编造各种借口以逃避上学，或伪造家长的信件。然而，在校外，他们会发现其他早已逃学的孩子。从这些同伴那里，他们得到的认可远比在学校中的多。他们感到自己受到重视并被认为是有价值的，不是在班级中，而是在那些逃学的帮派中。在这种情况下，我们可以看到，那些未被纳入班级整体的孩子是如何走上犯罪道路的。

如果老师想要吸引孩子的兴趣，他就会了解孩子以前的兴趣所在，并说服孩子相信自己在这个兴趣领域以及其他领域都能取得成功。当孩子在某一领域上充满信心时，就更容易激发他对其他领域的兴趣。因此，从一开始，我们就应该了解孩子是如何看待世界的，以及哪个感觉器官占据了孩子最多的注意力并受到了最高程度的训练。有的孩子对看最感兴趣，有的孩子对听最感兴趣，有的孩子对动最感兴趣。视觉型的孩子更容易对需要用眼睛看的科目产生兴趣，比如地理或绘画。如果老师口头进行授课，他们不会听；他们不太习惯于听觉上的关注。如果这样的孩子没有通过眼睛学习的机会，他们将会落后。也许人们会认为他们没有能力或天赋，并将责任归咎于遗传因素。如果非要责备谁，那就责备那些没有找到正确方法来引起孩子兴趣的老师和家长。我并不是说对孩子们的教育应该专业化，但是，应该利用高度发展的兴趣来鼓励孩子们在其他兴趣方面也有所发展。在我们这个时代，有一些学校采用了一种可以吸引所有感官的方式向孩子们教授科目。例如，建模或绘画练习与课程相结合。这是一种应该受到鼓励和进一步发展的趋势。教授科目的最佳方式是与生活的其他部分相结合，这样孩子们就能看到学习的目的和实际价值。经常有人提出这样一个问题：是教孩子们科目更好，还是教他们独立思考更好？在我看来，这个问题有点过于二元对立了。这两种方法是可以结合的。例如，将数学教学与建造房屋联系起来，让孩子计算需要多少木材、会有多少人居住在那里等，这是一个很大的优势。有些科目可以很容易地一起教授，我们经常发现有人擅长将人生的一个部分与另一个部分联系起来。例如，一位老师可以带着孩子们外出，发现他们最感兴趣的是什么。他可以同时教导他们了解植物和植物结构、植物的进化和用途、气候的影响、国家的地理特征、人类历史以及人生的几乎每一个方面。当然，我们必须预先假设这样一位老师真的对他教授的孩子感兴趣；但如果我们无法做出这种假设，教育孩子就是没有希望的。

在当前的教育体系下，我们通常会发现，孩子们刚来上学时，他们更习惯于竞争而非合作；而这种竞争训练在他们的整个学生时代会一直存在。这对孩子来说是一场灾难；即使他努力赶超其他孩子，这场灾难也不会比他落后并放弃竞争时小。在这两种情况下，他的主要兴趣都将集中在自己身上。他的目标不会是做出贡献和提供帮助，而是为自己谋取利益。正如家庭应该是一个整体，每个成员都是整体中平等的一分子一样，班级也应该如此。当孩子们受到这样的训练时，他们才会真正对彼此感兴趣，并享受合作。我见过许多"困难"孩子，他们的态度完全因为同学们的兴趣和合作改变了。我特别要提到一个孩子。他来自一个他认为每个人都对他怀有敌意的家庭，他预期在学校里每个人都会对他怀有敌意。他在学校的表现一直很差，当他的父母得知这一点时，他们在家里惩罚了他。这种情况太常见了：一个孩子在学校得到差评，在学校受到责骂；回到家后，又要再次受到惩罚。一次这样的经历就已经够让人气馁的了；而双重惩罚更是可怕。难怪这个孩子一直落后，并在班级里产生了不良影响。最后，他遇到一位理解他处境的老师，这位老师向其他孩子解释了这个男孩为何会认为每个人都是他的敌人。老师让其他孩子帮助他，让他相信他们是他的朋友，不久以后，这个男孩的整个行为模式有了令人难以置信的改善。

有时人们会怀疑，孩子们真的能被训练成彼此理解并互相帮助吗。根据我的经验，孩子们往往比他们的长辈更懂彼此。有一次，一位母亲带着她2岁的女儿和3岁的儿子来到我的房间。那个小女孩爬上了桌子，她母亲吓坏了。她急得两腿发软，不住地大喊："下来！下来！"小女孩根本没有理会她。而那个3岁的男孩说：

"一直待在那里吧！"小女孩立刻就下来了。他比她母亲更了解她，知道该怎么做。

增强班级的团结和合作的一个常见建议是让孩子们自治，但在这种尝试中，我认为我们必须在老师的指导下小心行事，并确保孩子们已经做好了充分的准备。否则，我们会发现孩子们对自治不太重视：将它看作一种游戏。因此，他们可能比老师更加严格和严厉；或者他们利用会议来谋取个人利益，发泄不满，互相攻击，或者达到一种优越感。因此，一开始，老师有必要进行监督并给予建议。

如果我们想要了解一个孩子目前的心理发展水平、性格及社会行为，就无法避免进行各种各样的测试。事实上，有时像智力测验一样，这样的测试可能拯救一个孩子。例如，一个男孩的学习成绩很差，老师想让他留级。但他接受了智力测验后，结果发现他实际上可以跳级。然而，人们应该意识到，我们永远无法预测一个孩子未来发展的限度。智商只应该用来帮我们认清一个孩子的困难，从而找到克服的方法。就我自己的经验而言，只要找到了正确的方法，智商（除非显示实际上是智力障碍）是可以提高的。我发现，如果让孩子们玩智力测试游戏，让他们熟悉这些测试，找出其中的窍门，并增加他们对这些测试的应试经验，他们的智商就会提高。我们不应该将智商视为由命运或遗传决定的、限制孩子未来成就的因素。

孩子本人或孩子的父母也不应该知道他的智商。他们不知道这些测试的目的，他们认为这些测试代表了最终的评判。教育中最大的困难不是由孩子的局限性造成的，而是由他自认为的局限性造成的。如果一个孩子知道自己的智商很低，他可能会感到绝望，认为成功对他来说是遥不可及的。在教育中，我们应该致力于增强孩子的勇气和兴趣，并消除他通过自己对人生的理解而设定的能力界限。

这同样适用于学校的成绩报告单。如果老师给一个孩子一份糟糕的成绩单，他可能认为自己是在激励孩子更加努力。然而，如果这个孩子在家中受到过严厉的管教，他会害怕将成绩单带回家。他可能会逃学或篡改成绩单。在这种情况下，孩子有时甚至会自杀。因此，老师应该考虑之后可能会发生的事情。他们虽然并不对孩子的家庭生活及其影响负责，但他们必须考虑到这一点。如果父母望子成龙，那么当孩子带着很差的成绩单回家时，很可能会发生争吵和责备。如果老师态度温和一些、更体谅一些，孩子可能会受到鼓舞，继续前进并取得成功。当一个孩子总是拿回很差的成绩单，而其他人都认为他是班上最差的学生时，他自己也会这样认为，并认为这是无法改变的。然而，即使是最差的学生也可以进步；在最著名的人物中，有足够多的例子表明，在学校成绩落后的孩子也可能重拾勇气和兴趣，最终取得巨大的成就。

有趣的是，即使没有任何成绩单，孩子们自己通常也能很好地评判彼此目前的能力。他们知道谁在算术、拼写、绘画和体育运动方面最出色，并且能很好地对自己进行分类。他们最常犯的错误是认为自己永远无法做得更好。他们看到别人领先自己，就认为自己永远无法赶上。如果一个孩子坚定地抱有这种观念，他会将其应用到自己以后的人生中。即使在成年后，他也会计算自己相对于他人的位置，并认为自己在某些方面永远只能落后。

在学校，绝大多数孩子在他们经历的所有年级中都或多或少地处于相同的位置。有人总是名列前茅、有人总是在中游，而有人总是垫底。我们不应该据此说他们有学习的天赋或没有学习天赋。这只能说明他们的自我设限、乐观程度和活动领域。一个原本在班级垫底的孩子突然发生改变，并开始取得惊人的进步，这种情况并非罕见。孩子们应该明白这种自我设限的错误所在，老师和孩子都应该摒弃这样一种迷信，即智力正常的孩子的进步可能与遗传有关。

在教育实践的诸多误区里，将发展归因于遗传限制可谓危害最甚。这种观念为教育者和家长提供了推卸责任的借口，使他们得以逃避本应承担的教育使命。任何推诿责任的行为都应受到严厉批判。试想，若教育工作者将学生的性格塑造与智力发展简单归结为遗传因素，其职业价值将如何体现？反之，若认识到自身态度与努力对学生成长的深远影响，便无法再以遗传决定论为托词。

需要特别说明的是，此处讨论的并非生理性遗传缺陷——这类器质性缺陷的存在是客观事实。个体心理学的独特贡献在于，它深刻揭示了遗传缺陷对心理发展的特殊意义。关键在于，儿童会基于对自身器官功能的认知来调整发展方向，真正影响其心理发展的并非缺陷本身，而是儿童对缺陷的认知态度及后续训练。因此，面对存在器官缺陷的儿童，我们必须确保其不会形成智力或性格受限的错误认知。正如前文所述，同样的生理缺陷既可能成为激励个体奋发向上的动力，也可能沦为阻碍发展的桎梏——这完全取决于个体如何诠释与应对这一挑战。

　　最初提出这一观点时，我遭到了诸多"不科学"的质疑，被批评是用个人信念替代客观事实。然而，这一结论源于我长期的实践观察，而支持它的实证证据也在持续增加。如今，越来越多的精神病学家和心理学家开始认同：所谓的"性格遗传论"实际上是一种延续千年的迷思。历史反复证明，每当人们试图推卸责任、信奉行为宿命论时，就会搬出"性格由遗传决定"的理论。这种迷思最浅显的表现，就是断言孩子"天生好坏"。如此粗糙的论调本应不攻自破，却因某些人强烈的责任逃避心理而得以存续。事实上，"好"与"坏"作为社会化的性格评价，其意义完全取决于具体的社会语境——它们代表的是"有利于他人福祉"或"损害他人福祉"的行为判断。新生儿降临人世时，尚不存在这样的社会参照系。每个孩子出生时都具备无限的发展可能，其成长轨迹将取决于：环境与身体给予的感知刺激、他对这些刺激的独特解读，而最关键的是——他所接受的教育引导。

　　智力的遗传也是如此，尽管也许证据不是那么明显。智力发展中最大的影响因素是兴趣；我们已经看到兴趣是如何被阻碍的，不是因为遗传，而是因为挫败感和对失败的恐惧。毫无疑问，大脑结构在某种程度上是遗传的；但大脑是心智的工具，而非起源；如果缺陷的严重程度没有超出我们目前知识水平所能弥补的范围，就可以训练大脑以补偿缺陷。在每一种超常能力的背后，我们发现的不是超常的遗传因素，而是长期的兴趣和训练。

　　即使在那些多代人为社会做出过杰出贡献的家族中，我们也不必假设存在任何遗传的影响。我们可能更愿意假设，家庭中一个成员的成功对其他成员起到了激励的作用，并且家庭传统使孩子们能够追随自己的兴趣，并通过练习和实践来培养这些兴趣。例如，当我们了解到伟大的化学家李比希是一位药店老板的儿子时，我们没有必要想象他在化学方面的能力是遗传的。只要知道他的环境允许他追随自己的兴趣就足够了；在大多数孩子对化学一无所知的年龄，他就已经熟悉了这门学科的大部分内容。莫扎特的父母对音乐感兴趣；但莫扎特的天赋并不是遗传的。他的父母希望他对音乐感兴趣，并给予他各种鼓励。他从很小的时候起就生活在一个充满音乐的环境中。我们通常会发现，在杰出的人物身上有这样一个事实，那就是"早期启蒙"：他们4岁时就会弹钢琴，或者在很小的时候就为家人写故事。他们的兴趣是持久而不断的。他们的训练是自发和广泛的。他们有勇气，从不犹豫或退缩。

　　没有老师能够成功打破孩子的自身设限，除非孩子认识到为发展做出的自我设限。如果他对一个孩子说"你没有数学天赋"，这样或许能减轻自己的教育压力，但对孩子来说只会让他更气馁。我自己在这方面也有一些经历。我曾有几年是班里数学最差的学生，深信自己毫无数学天赋。幸运的是，有一天，我自己惊讶地发现，自己竟然能够解决一道连老师都感到棘手的题目。这次成功彻底改变了我对数学的态度。以前我对数学完全不感兴趣，现在我开始喜欢它，并抓住一切机会提高自己的数学能力。因此，我成了学校里的数学尖子生之一。这段经历帮助我认识到了特殊天赋或先天能力理论的谬误。

即使在人数众多的班级中，我们也可以观察到孩子之间的差异，如果我们了解他们的性格，就能更好地应对这些差异，而不是将他们视为一个无差异的群体。人数众多的班级当然是一种不利因素。一些孩子的问题被掩盖了，很难得到有效处理。老师应该深入了解每一个学生，否则就无法建立起兴趣和合作关系。我认为，如果孩子们都有固定的老师，那将会有很大的帮助。在某些学校，每半年左右就会更换一次老师。老师几乎没有机会与孩子们深入相处，观察他们的问题并跟进他们的发展。如果一位老师能与同一批孩子相处三四年，他就能更容易地发现并纠正一个孩子生活方式中的错误；也更容易将班级建设成一个合作的社会单位。

对于孩子来说，跳级并不总是优势，因为他们通常会背负着无法实现的期望。如果一个孩子比同班同学年长太多，或者比班上其他孩子发展得更快，考虑让他跳级或许是可取的。然而，正如我们建议的那样，如果一个班级是一个整体，一个成员的成功对其他成员来说是有利的。一个班级中如果有聪明的孩子，整个班级的进步速度和水平都会得到提升；而让这样的孩子脱离班级去完成普通任务，对他们来说是不公平的。我宁可建议，对于一个异常出色的学生，除了班级的普通任务外，还应该支持他的其他活动和兴趣——比如绘画。他在这些活动中的成就也会扩大其他孩子的兴趣，并鼓励他们向前迈进。

如果孩子留级，那就更加不幸了。每位教师都会同意，留级的孩子在学校和家里通常都会成为问题。当然，这并非绝对，极少数留级的孩子不会给我们带来任何麻烦。然而，大多数留级的孩子总是保持落后的、有问题的状态。他们不受同学的欢迎，对自己的能力也持悲观的态度。这是一个棘手的问题，在我们当前的教育体系下，我们很难避免让孩子留级。一些老师设法利用假期时间对孩子进行训练，让他们认识到自己生活方式中的错误，一旦认识到这些错误，孩子们就能顺利升入下一个年级，并取得成功。事实上，这是我们帮助落后儿童的唯一途径；让他们看到自己在对自身能力的估计中所犯的错误，从而让他们能够依靠自己的努力取得进步。

无论我在哪里看到孩子们被分成快班和慢班，分开上课，我都注意到一个突出的情况。我的观察主要是在欧洲，我不知道这样的观察是否适用于美国。在慢班中，大多是脑子不太灵光或者家里穷的孩子。在快班里，则主要是家里有钱的孩子。这事儿想想也合理。穷人家的孩子，上学前的准备肯定没那么好。父母面临太多的困难；他们无法花费太多时间为孩子做准备，自己文化水平也不高，帮不上忙。然而，我不认为准备不足的孩子应该被安排在慢班。一位训练有素的老师会知道如何纠正他们的准备不足，他们也会从与准备更充分的孩子的相处中获益。如果他们被安排在慢班，他们通常会意识到这个事实；快班的孩子们也知道这个事实，并会看不起慢班的人。这就为气馁和追求个人优越创造了沃土。

原则上，男女同校应该得到全力支持。这是一个让男孩女孩增进了解、学会与异性合作的绝佳方式。然而，那些认为男女同校就能解决所有问题的人，就大错特错了。男女同校本身就带来了一个特殊的问题；如果不认识到这一点并着手解决，那么男女同校反而会让两性之间的距离变得更大。其中一个困难是，女孩在16岁之前发展得比男孩更快。如果男孩不了解这一点，他们就很难保持自尊心。他们一看到自己被女孩超越，就会变得气馁。长大后，他们会害怕与异性竞争，因为他们记得自己曾经的失败。一位赞成男女同校、了解其中问题的老师，可以借此取得很大的成就，但如果他并不完全赞成，也不感兴趣，他就会失败。另一个困难是，如果孩子们没有受到适当的训练和监督，性问题肯定会出现。在学校进行性教育是一个非常复杂的问题。课堂并不是进行性教育的恰当场所；如果一位老师对全班授课，他就无法知道每个孩子对内容的理解程度。这样，他可能会激发孩子的兴趣，但不知道孩子是否为此做好了准备。当然，如果一个孩子想了解更多并私下向他提问，老师应该给予真实和直率的回答。这时，他就有机会判断孩子真正想知道什么，并引导他找到正确的答案。然而，在课堂上总是讨论性问题是有弊端的。一些孩子肯定会误解；将性视为无足轻重的事情，也没有什么用处。

　　对于那些受过如何理解孩子的训练的人来说，区分孩子的不同类型和生活方式是很容易的。一个孩子的合作程度可以从他的行事模式、观察和倾听的方式、与其他孩子保持的距离、交朋友的容易程度、关注的内容和专注力等方面看出来。如果他忘记了自己的家庭作业或经常丢失课本，我们可以推断出他对学习不感兴趣。我们必须找出他厌学的原因。如果他不参与其他孩子的游戏，我们就可以认识到他的孤独感和对自我的兴趣。如果他总是希望在工作中得到帮助，我们就可以看出他缺乏独立性，渴望得到他人的支持。

　　有些孩子只有在得到表扬和欣赏时才会工作。许多被宠溺的孩子只要能得到老师的关注，就能够在学业上取得很好的成绩。如果他们失去了这种特殊关注的地位，麻烦就开始了。除非他们有观众，否则他们无法继续学习；如果没有人看着他们，他们的兴趣就会停止。对于这样的孩子来说，数学往往是一个巨大的挑战和困难。当他们只需要记住几条规则或几句话时，他们就会表现得非常出色；但一旦要求他们独立解决一道数学题，他们就会完全束手无策。这可能看起来是一个小缺陷；但一个总是要求别人支持和关注的孩子，对我们的共同生活来说才是最大的危险。如果这种态度不改变，他在成年后将总是需要并要求得到他人的支持。无论面临什么问题，他都会采取行动迫使他人为他解决问题。他的一生都不会为他人的福祉做出任何贡献，只会尽可能地一直成为他人的一个负担。

有的孩子渴望成为他人关注的中心，当无法通过正常途径获得这种关注时，便会转而采取一系列消极手段：恶作剧、扰乱课堂秩序、诱导其他孩子做出不当行为，甚至刻意制造各种麻烦。责备和惩罚不会改变他；他反而乐在其中。他宁愿挨打也不愿被忽视；而他的行为带来的痛苦只不过是他为了获得快乐付出的代价。很多孩子之所以继续坚持自己的生活方式，正是因为受到惩罚而受到刺激。他们将其视为一场比赛或游戏，看谁能坚持得更久；他们总是能赢，因为结果操纵在他们自己手中。因此，与父母或老师斗争的孩子有时会训练自己在受罚时大笑，而非哭泣。

懒惰，往往是一种隐秘的自我保护——除非孩子是刻意用懒惰来对抗父母或老师，否则这种表现通常源于对失败的恐惧与未被满足的野心交织而成的复杂心理。每个孩子对"成功"的定义各不相同，有时甚至令人诧异。有些孩子将"成功"理解为必须超越所有人，否则便是失败；即便自己表现优异，但只要有人做得更好，他们仍会将其视为挫败。而懒惰的孩子则巧妙地避开了这种心理困境——由于从未真正接受挑战，他们也就无需面对失败的痛苦。他们通过拖延和逃避，将竞争的压力无限期延后，始终保留着一个自我安慰的幻想："如果我愿意努力，我一定能成功。"每当他失败时，他都可以淡化失败的重要性，并保持自尊。他可以对自己说："这只是懒惰，不是能力不足。"

有时，老师会对一个懒惰的学生说："只要你更努力一点，你就可以成为全班最优秀的学生。"如果他不付出任何努力就可以赢得这种声誉，为什么他要冒着失去声誉的风险去努力呢？也许，只要他不再懒惰，他那隐藏的天赋所带来的声誉就会消失。人们会根据他的成就来评判他，而非根据他可能取得的成就来评判。对于这个懒惰的孩子来说，另一个个人优势是，即使做了最少的工作，他也会受到表扬。每个人都在他的行为中看到了改变的迹象，并渴望进一步激励他。如果是一个勤奋的孩子完成了同样一项工作，甚至都不会被注意到。通过这种方式，一个懒惰的孩子就生活在别人的期望中。他也是一个被宠溺的孩子，从婴儿时代就训练自己去期待一切都从别人的努力中获得。

另一种总是存在且易于识别的孩子类型，是那些在同伴中起领导作用的孩子。人类确实需要领导者，但只需要那些为了他人利益而领导的人；而这样的领导者并不常见。大多数起领导作用的孩子只对能统治和支配他人的情况感兴趣，只有在这些条件下，他们才会与同伴合作。因此，这种类型并不是一个有利的类型。在后来的人生中，肯定会遇到各种困难；而在婚姻、商业或社交关系中看到这样两位领导者的相遇，如果不是悲剧，那就是喜剧了。每个人都在寻找支配对方、确立自己优越地位的机会。有时，一个被宠溺的孩子试图支使家中的长辈、对他们进行专制，长辈反而觉得很有趣，笑着鼓励他。然而，教师很快就能看出，这种性格发展对社会生活来说并不是有利的。

孩子们之间必然会存在各种差异，但我们绝非要将他们全部削足适履，或是将他们塑造成千篇一律的木偶。然而，我们希望能阻止那些显然会导向失败和困难的发展，而这些发展在童年时期相对容易纠正或预防。如未能及时纠正，孩子在成年后的社会生活中就会面临严重的破坏性后果。童年时的错误与成年后的失败之间存在着直接的关联。没有学会合作的孩子，日后可能会成为神经症患者、酗酒者、罪犯或自杀者。焦虑症患者小时候害怕黑暗、陌生人或各种新的情况。而抑郁症患者小时候爱哭。在当今社会，我们无法帮助所有家长避免犯错。最需要建议的父母恰恰是永远不会寻求建议的那些人。然而，我们还是希望接触到所有的老师，通过他们接触到所有的孩子；纠正已经犯下的错误，训练孩子们养成独立、勇敢和合作的生活习惯。在我看来，在这项工作中蕴藏着对人类未来福祉的最大承诺。

正是出于这个目的，我在大约15年前开始组建个体心理学咨询顾问委员会，这在维也纳以及欧洲的许多其他城市都取得了显著成效。怀有崇高的理想和伟大的希望固然很好；但如果没有找到实现的方法，这些理想都将变得一文不值。经过这15年的实践，我认为这些顾问委员会已取得全面成功，成为我们处理儿童问题、培养有责任感的社会成员的最佳工具。虽然我坚信只有根植于个体心理学理论，顾问委员会才能发挥最大效能，但不同流派的心理学家为何不能携手合作？事实上，我一直主张每个心理学流派都应建立自己的顾问委员会，通过实践成果的比较来促进学术交流。

顾问委员会的工作模式是：由一位深谙教师、家长及儿童困境的资深心理学家进驻学校，与教师们共同探讨工作中遇到的具体案例。当心理学家到访时，教师会陈述某个儿童的问题表现——可能是懒惰、好斗、逃学、偷窃或学业落后。心理学家分享专业见解后，众人将展开研讨：剖析孩子的家庭环境、性格特征及成长历程，追溯问题首次出现的情境。凭借丰富的实践经验，教师与心理学家通常能迅速达成共识，共同探寻问题根源及解决之道。

在咨询当天，母亲与孩子需共同到场。当顾问委员会确定与母亲沟通的最佳方式、如何引导她理解孩子的问题的根源后，便会邀请母亲参与会谈。母亲补充更多生活细节后，心理学家会与她展开讨论，提出具体的改善建议。通常情况下，母亲们非常珍视这样的专业指导机会，并愿意积极配合。若遇到抵触情绪，心理学家或教师可列举类似案例，通过类比推理帮助她理解自己孩子的情况。

随后孩子会被请进咨询室。心理学家与孩子交谈时，并不直接指责其错误，而是共同探讨其面临的困境。他会探寻那些阻碍孩子健康发展的认知偏差——比如孩子认为自己被轻视、其他孩子更受偏爱等信念。整个对话不带任何训斥色彩，而是以友好交流的方式提供新的视角。即使提及具体错误行为，也会以假设案例的形式征求孩子的意见。对于不熟悉这项工作的人而言，孩子们惊人的理解力与迅速转变的态度往往令人惊叹。

我培训过的所有教师都很喜欢这项工作，无论如何都不愿放弃。它让他们与学校工作的整个接触变得更有趣，也提高了所有努力的成功率。他们中没有人觉得这是额外的负担；因为通常只需半小时或更短的时间，他们就能摆脱一个可能困扰自己多年的难题。整个学校的合作氛围都会提高，一段时间后，就不会再有任何严重的问题，只需处理一些小错误。教师们自己就是真正的心理学家。他们学会了如何理解人格的统一性和所有表现的连贯性。如果有一天再出现类似的问题，他们自己就能解决。事实上，如果所有教师都能接受培训，心理学家将变得不再必要。

例如，当班上有一个懒惰的孩子，教师会提议全班一起讨论懒惰这个话题。他通过提问来引导讨论："懒惰是从哪里来的？""懒惰的目的是什么？""为什么懒惰的孩子不愿意改变？""真正需要改变的是什么？"孩子们会各抒己见并得出结论。那个懒惰的孩子自己并不知道他就是这场讨论的起因，但这个问题恰恰与他息息相关，因此他会格外关注，并从这场讨论中获益良多。如果直接指责他，他反而一无所获；但如果只是作为旁观者，他就会主动思考，也许会改变自己的观点。

没有人比和孩子一起生活、一起学习的教师更了解孩子们的内心世界。他见过各种类型的孩子，如果他足够娴熟，就能与每一个孩子建立联系。孩子在家里犯下的错误是继续存在还是得到纠正，就取决于教师。就像母亲一样，教师是人类未来的守护者，他能做出的贡献是无法估量的。

第八章　青春期

关于青春期的书籍浩如烟海，几乎所有这些书都将青春期描述为一个危险的危机时期，在这个时期一个人的性格可能会发生改变。青春期确实存在很多危险，但它并不能改变性格。它为成长中的孩子带来了各种新的情况和新的考验。孩子会觉得自己正逐步走向生活的前沿。他的生活方式中的错误可能会暴露出来，而这些错误迄今为止没有被观察到。然而，这些错误一直存在，只有一双有经验的眼睛才能发现它们。现在它们变得重要起来，无法被忽视。

对于几乎每个孩子来说，青春期最重要的一件事是：他们必须证明自己不再是一个孩子。我们或许能说服他们，让他们觉得这是理所当然的，如果我们能够做到这一点，那么就能大大缓解当前的紧张局势。但如果他觉得自己必须证明这一点，那么他自然会过分强调自己的观点。青春期的许多表现都是出于想要展现独立，渴望与成年人平等，渴望证明自己已有男子气概或女性气质。这些表现的方向将取决于孩子对"长大"这一概念的理解。如果"长大"

意味着摆脱控制，那么孩子就会反抗各种限制。在这个时期，许多孩子开始吸烟、骂脏话、晚上在外面待到很晚。他们中的一些人突然对父母表现出意想不到的反抗，这让他们的父母困惑不解，不明白曾经那么听话的孩子怎么突然变得如此叛逆。它实际上并不是态度的转变。这个表面上听话的孩子其实总是在与父母对着干；但只有到了现在，当他有了更多的自由和力量，才觉得自己能够表明敌意。有一个男孩，小时候总是被父亲欺负，看起来很安静温顺。但他只是在等待报复的机会。当他觉得自己足够强大时，就向父亲发起了挑战，打了父亲一顿，然后离家出走。

在青春期，孩子通常会被赋予更多的自由和独立性。父母不再觉得他们有权利一直监督和保护他们。然而，如果父母试图继续监管，孩子就会更加努力地摆脱控制。父母越是试图证明他仍是个孩子，孩子就越会奋力证明相反的事实。在这场斗争中，孩子会产生对抗的态度，于是我们就看到了"青春期叛逆"的典型表现。

我们无法为青春期划定严格的时间界限。青春期通常从14岁左右持续到20岁左右，但有时孩子在10岁或11岁就已经进入了青春期。此时，身体的所有器官都在生长和发育，有时各器官功能的协调并非易事。孩子们会长高，手脚也会变大；或许他们会变得不如以往那般活泼灵巧。他们需要训练这种协调性，但如果在此过程中受到嘲笑和批评，他们就会觉得自己笨手笨脚。如果一个孩子的动作被嘲笑，他就会变得笨拙。内分泌腺体也在促进孩子的发育。它们增强了器官的各种功能。这并非一个全新的变化，内分泌腺甚至在胎儿时期就已经活跃起来，但如今其分泌物增多，第二性征也更加明显。男孩开始长胡须，声音变哑。女孩的身材变得丰满，更具女性特征。这些也是青春期的孩子可能会误解的事实。

有时，一个孩子尚未做好迎接成人生活的准备，面对职业、社交、爱情和婚姻问题时便会惊慌失措。他完全失去了应对这些问题的信心。在社交方面，他很腼腆拘谨，与世隔绝，待在家里。在职业方面，他找不到任何吸引自己的工作，确信自己无论做什么都会失败。在爱情和婚姻方面，他与异性相处时感到尴尬，害怕见到异性。

如果有人和他说话，他会脸红，或找不到回应的话语。每天，他都陷入越来越深的绝望中。最终，他完全无法应对人生中的所有问题，再也没有任何人能理解他。他不看别人，不和别人说话，也不听别人说话。他不工作，也不学习。他整日沉浸在幻想中。只剩下一点可怜的性活动。这就是疯狂，早发性痴呆；但整个疯狂都是一个错误。如果我们能够鼓励这样的孩子，证明他走上了错误的道路，并为他指出一条更好的道路，他便能得到治愈。这并不容易，因为需要纠正他的整个人生及其所受的全部教育。必须以科学的眼光审视过去、现在与未来的意义，而非凭借个人才智。

青春期的所有危险都源于在面对人生的三大问题前缺乏适当的训练和准备。如果孩子们害怕未来，他们很自然选择最省力的方式去应对。然而，这些简单的方式都是无益的。

我们越是命令、劝诫和批评他们，他们就越会觉得自己站在一个深渊的边缘。我们越是推动他们，他们就越想退缩。除非我们能够鼓励他们，否则任何帮助他们的努力都将是一个错误，并会进一步伤害他们。当他如此悲观、如此惊恐时，我们无法指望他会付出额外的努力。

有些孩子在这个时候还希望保持孩子的状态，他们甚至用婴儿的语言说话，和比自己更小的孩子一起玩耍，并假装自己能永远长不大。但绝大多数孩子都会试图以某种方式表现得像个成年人。如果他们不够勇敢，便会以一种讽刺模仿的方式扮演成年人：模仿成年人的举止，喜欢肆意挥霍金钱，开始调情和恋爱。在更为棘手的情况下，当一个男孩尚未找到应对人生问题的方法，但又保持了一定程度的活跃，他便会开始走上犯罪的道路。如果他之前曾犯下过错而未被发觉，并认为自己足够聪明，可以再次避免被发现，这种情况就更有可能发生。犯罪是逃避人生问题（尤其是经济和生计问题）的一条简单的出路。因此，在14岁到20岁的青少年中间，犯罪率大幅增加。这并非新出现的问题，而是更大的压力暴露了儿童时期便已存在的缺陷。

如果活动量较小，那么逃避的捷径就是罹患神经症；在这个年龄段，很多孩子也开始患上神经症和神经紊乱。每一种神经症症状都旨在为拒绝解决人生问题提供借口，且不会削弱个人优越感。当一个人面对他没有准备好以某种社会的方式解决社会问题时，就会出现神经症症状。这种困难会带来巨大压力。在青春期，身体状况特别容易受到这种压力的影响，所有器官都可能受到刺激，整个神经系统都会受影响。器官的这种刺激又可以被用作犹豫和失败的借口。在这种情况下，一个人开始私下和在别人面前认为自己因为受苦而不需要承担责任。神经症的结构就此完成。每个神经症患者都声称自己抱有最佳意图。他深信社会情感的必要性以及解决人生问题的重要性。只是对他而言，这一普遍要求存在例外。为他开脱的正是神经症本身。他整个态度都在说："我渴望解决所有问题，但不幸的是，我受到了阻碍。"在这一点上，他与罪犯截然不同，罪犯的恶意往往昭然若揭，且其社会情感被隐藏与压制。很难判定哪一种对人类福祉造成了更大的伤害，是那些动机善良却行动自私自利、似乎意在阻碍同伴合作的神经症患者，还是那些敌意明显且竭力压制残留社会情感的罪犯。

许多青春期失败的孩子都是娇生惯养的结果。显而易见，对于那些习惯父母为他们打点一切的孩子来说，承担成年责任是一种特殊的压力。他们仍然希望被宠溺，但随着年龄的增长，他们发现自己不再是关注的中心。他们指责人生欺骗和辜负了他们，他们在一个人为的温室般的氛围中长大，外面的空气显得格外寒冷。在这个时候，我们会发现明显的退步现象。那些曾备受期待的孩子开始在学习和工作中表现不佳，而之前表现平平的孩子却开始赶超他们，展现出各种意想不到的能力。这与以前的情况并不矛盾。也许一个曾经很有前途的孩子，现在开始害怕辜负自己一直背负着的期望。在得到帮助和认可时，他就能勇往直前；但当到了需要独立努力的时候，他却勇气全无，选择退缩。另一些人则因新获得的自由而受到鼓舞。他们看到实现自己抱负的道路清晰地摆在眼前。他们满怀新想法和新计划。他们创造性的人生变得更为丰富，他们对人类进程各个方面也展现出主动性和兴趣。这些孩子保持了勇气，对他们来说，独立并不意味着困难和失败的风险，而是取得成就和做出贡献的更广阔的机会。

那些以前感到被轻视和忽视的孩子们，如今在与同伴更广泛的交往中，或许萌生了能受到欣赏的希望。他们中的许多人完全被这种对欣赏的渴望催眠了。对一个男孩来说，如果他只是寻求赞美，那就够危险的了。但女孩们往往更缺乏自信心，认为只有通过他人的欣赏才能证明自己的价值。这样的女孩很容易沦为那些懂得如何奉承她们的男人的猎物。我经常发现，一些在家里感到不被欣赏的女孩开始发生性关系，不仅仅是为了证明自己已经长大，更是因为她们希望通过这种方式最终获得一个受到欣赏和关注的地位。

让我举一个例子：一个15岁的女孩来自一个非常贫穷的家庭。她有一个年长的哥哥，在她童年时总是身体虚弱。母亲不得不花大量时间照顾他，当女儿出生时，母亲就无法太多关注她了。另外，在她幼年时期，父亲也患了病，这进一步减少了母亲能给予她的时间。

因此，这个女孩能够注意到并理解被关心意味着什么；她一直渴望获得这样的地位，但在家庭中她找不到。后来这个家庭又生下一个妹妹，那时父亲已经康复，母亲专心照顾起这个新生儿。因此，这个女孩感觉自己是唯一一个得不到爱和关怀的人。她继续努力，在家里表现良好，在学校也是最优秀的学生。由于她的出色表现，有人建议她继续深造，于是她被送到一所高中，那里的老师并不了解她的情况。一开始，她无法理解新学校的教学方式。她的学习成绩开始下滑，老师批评她，她渐渐变得沮丧。她太急于得到欣赏。当她在家中和学校都无法得到欣赏时，她还剩下什么呢？

她开始寻找一个会欣赏她的男人。经过几次尝试后，她就离家出走了，与一个男人同居了14天。她的家人非常担心她，并试图找到她。但我们可以预料到接下来会发生什么。很快，她就发现自己仍然没有因为自己的本色而受到欣赏，并开始为这个插曲感到后悔。自杀成了她的下一个念头，女孩给家人写了一封信："不用担心，我已经服毒自杀了，我很开心。"事实上，她并没有服毒，我们也能理解为什么。如果她的父母确实对她很好，她觉得这样可以博得他们的同情。因此，她没有自杀，而是等母亲找到她，把她带回家。如果这个女孩知道我们所知道的，即她所有的努力都是为了获得欣赏，那么这些困难就不会发生。如果高中的老师能理解这一点，也可以避免这种情况发生。以前，这个女孩的学校成绩一直很优秀。如果老师意识到她在这一点上很敏感，需要被更加细心地对待，她就不会感到气馁。

在另一个案例中，一个女孩出生在一个父母性格都较为软弱的家庭中。母亲一直想要个儿子，对女儿的出生感到失望。她有点重男轻女，她的女儿不可避免地会感受到这一点。她不止一次听到母亲对父亲说："养个女儿有什么用""等她长大了，还不是要嫁人"，或者"等她长大了，我们拿她怎么办呢"。在这种恶劣的家庭氛围中生活了10年之后，她发现了母亲的一个朋友的来信，信中安慰母亲生了一个女儿，说既然她还年轻，她还有机会生个儿子。

我们不难想象这个女孩当时的心理状态。几个月后，她到乡下探望一位叔叔，在那里结识了一个智力低下的乡村男孩，并与之相恋。虽然这段感情最终以男孩的离去告终，她却在这条路上越陷越深。到我见到她时，她已交往过众多恋人，却从未在任何一段关系中获得真正的珍视。此时她已患上焦虑性神经症，甚至无法独自出门，这才前来求助。每当一种获取认可的方式令她失望，她便急切地转向另一种尝试。她开始用自怨自艾折磨家人，整日以泪洗面、扬言自杀，把全家人都置于她的情绪暴政之下。除非她自己愿意改变，否则谁都无能为力。要让这个女孩认清现状，让她明白自己在青春期过分执着于逃避"不被重视"的感受，实在是项艰巨的工作。

女孩和男孩在青春期经常过于重视和夸大性关系的意义。他们希望证明自己已经长大，但做得有些过火。例如，如果一个女孩一直在与母亲争吵，并且总是觉得自己受到压制，为了抗议，她可能会频繁地与遇到的任何男人发生性关系。她不在乎母亲是否知道，事实上，如果能让母亲烦恼，她会感到非常高兴。因此，我时常发现，有些女孩在与母亲争吵后（也可能与父亲争吵），会跑到街上，与她遇到的第一个男人发生关系。这些女孩本应是大家眼中的乖乖女，受过良好教育，是最不可能做出这种行为的人。但我们可以理解，这些女孩并非真的有罪。她们的准备是错误的；她们感觉自己处于一种劣势的地位；而这是她们能想到的、获得更强势地位的唯一方式。

许多被宠溺的女孩很难适应女性角色。在我们的文化中，一直存在着男性优于女性的观念，这让她们对身为女性产生抵触心理，这表现出了我所说的"男性化抗议"。这种抗议可能通过多种行为方式表现出来：有时，表现为对男性的厌恶和回避；有时她们虽然喜欢男性，却会在男性面前局促不安、无法交谈，不愿参加有男性在场的聚会，面对性问题时总是感到不适。她们经常坚称"自己年纪大些就会结婚"，但她们却从不主动与异性接触，也不与他们建立友谊。有时，我们会发现青春期的女孩对女性角色的厌恶会表现得更为激烈。女孩们的行为比之前更有男孩气。她们希望模仿男孩，并更容易模仿他们的恶习，如吸烟、喝酒、骂脏话、加入帮派，炫耀性自由。

她们经常解释说，如果她们不这样做，男孩们就不会对她们感兴趣。在对女性角色的厌恶进一步发展时，就会出现同性恋、其他性倒错行为以及卖淫现象。所有妓女从小就深信：没有人喜欢她们。她们相信，她们生来就是为了扮演较低的角色，而且她们永远无法赢得任何男人的真正喜爱或关注。在这种情况下，我们可以理解她们为何倾向于自暴自弃，贬低自己的性别角色，并将其仅视为赚钱的手段。这种对女性角色的厌恶并非在青春期才产生。我们总能发现，从小时候开始，这个女孩就不喜欢做女孩；而在童年时，她没有同样的需求和机会来表达这种厌恶。

不仅仅是女孩会受到"男性化抗议"的困扰，所有过分看重男性特质、将男性特质视为理想并怀疑自己是否足够强大以实现它的孩子都会受到影响。因此，我们文化中对男子气概的强调，对男孩来说也同样困难，尤其是当他们对自己的性别角色不完全确信时。许多孩子长大后仍半信半疑地认为自己的性别可以改变；而从两岁起，让孩子们确切地知道自己是男孩还是女孩是非常重要的。如果一个男孩长得有些阴柔，他就会过得特别艰难。陌生人有时会弄错他的性别，甚至是家里的朋友也会对他说："你本该是个女孩。"

这样的孩子很可能将自己的外表视为一种缺陷，并把爱情和婚姻的问题视为对自己过于严峻的考验。那些对自己在性别角色中表现不太自信的男孩，往往会在青春期模仿女孩，变得娘娘腔，养成那些被宠溺的女孩的恶习，表现得娇媚、爱显摆、爱发脾气。

甚至是对异性态度的准备工作，也可以追溯到人生最初的四五年。性欲望在婴儿期的头几周就已经表现出来，但在它无法得到适当表达之前，我们不应做任何刺激它的事情。如果没有受到刺激，它的表现会很自然，不会引起我们的恐慌。例如，我们不应该害怕在婴儿人生的第一年看到一些局部刺激的迹象；而应该利用我们的影响力与孩子合作，减少他们对自己的兴趣，更多地关注自己的环境。如果这些自我满足的尝试无法停止，那就可以确定孩子有自己的企图：他不是性欲望的受害者，而是在为自己的目的利用它。一般来说，小孩子的目标是吸引注意力。他们觉得父母会感到害怕和恐怖，他们知道如何利用父母的情绪。如果他们的习惯无法再达到吸引注意力的目的，他们就会放弃这些习惯。

我曾说过，孩子们不应该受到生理上的刺激。但父母经常对孩子非常亲热，孩子对父母也非常亲热。为了增进感情，他们总是拥抱和亲吻孩子。他们知道这不是正确的方式。他们不应该如此残忍。他们不应该刺激孩子的情感。孩子也不应该寻求精神上的刺激。孩子们常告诉我，成年人也曾回忆说，当他们在父亲的书库里发现一些轻浮的图片，或看到一些电影时，会激发出某种感觉。他们最好别发现那些书或看那些电影。如果我们避免刺激孩子，就不会出现困难。

我们之前提到的另一种刺激形式，是坚持给孩子完全不必要的、不恰当的性教育信息。许多成年人似乎对传授性信息有着极大的狂热；他们非常害怕孩子长大时对此一无所知的危险。但如果我们回顾自己的过去和他人的历史，就会发现他们预期的灾难并没有发生。最好等到孩子自己产生好奇心、想了解一些东西时再告知。如果父母有这种意识，他们会理解孩子的好奇心，哪怕孩子没有开口。如果孩子觉得父母是同路人，他就会问，父母也应该用孩子能理解和消化的方式回答。

此外，父母也应该避免在孩子面前表达彼此之间的爱意。如果可能的话，孩子们不应该与父母同睡一个房间，更不用说同睡一张床了。他们与姐妹或兄弟也不应该同住一个房间。父母必须关注孩子的发展，不能自欺欺人。如果他们不了解孩子的性格和努力，他们就永远不知道孩子会在哪里受到什么影响。

人类普遍存在着一种认知误区——将青春期过度神秘化，视其为某种具有颠覆性的特殊人生阶段。事实上，这种对发展阶段的"魔幻化想象"同样体现在人们对更年期等人生节点的理解上。但究其本质，这些阶段不过是生命长河中的自然延续，其现象本身并不具有决定性意义。真正关键的是：个体如何认知这个阶段、赋予其何种意义，以及为此做了怎样的心理建设。可悲的是，当青春期来临时，许多人都如临大敌，仿佛遭遇了某种可怕的变故。但深入分析就会发现，青春期本身并不会对孩子造成困扰，问题往往源于社会环境强加的新要求与新适应。更致命的是，青少年常被灌输这样的错误认知：青春期意味着过往价值的全面崩塌——他们失去了被需要的感觉，丧失了贡献与合作的权利。正是这种被刻意建构的"存在性焦虑"，而非生理变化本身，才是青春期种种问题的真正根源。

若一个孩子从小被培养出平等的社会成员意识，理解自己应当有所贡献的使命，特别是学会将异性视为平等的伙伴，那么青春期对他而言，不过是开启创造性解决成人生活问题的新阶段。反之，若他始终自视低人一等，对自身处境抱有错误认知，那么青春期便会暴露出他为迎接自由所做的准备是何等不足。有人监督时，他能完成分内之事；一旦独处，便畏缩不前、一事无成。这样的孩子或许能适应被奴役的生活，却在自由面前茫然失措。

第九章 犯罪以及对犯罪的预防

通过个体心理学，我们开始理解各种各样的人。毕竟，人与人之间并无显著区别。我们发现，在罪犯、问题儿童、神经质者、精神病患者、自杀者、酗酒者和性变态者身上表现出了同样的失败模式。他们在应对人生活问题时都失败了，而在一个非常明确和显著的点上，他们失败的方式完全相同。他们每个人都在社会兴趣方面失败了，他们不关心他人。然而，即便在这一点上，我们也不能将他们与其他人对立起来。没有人可以作为完美合作或完美社会情感的典范，罪犯的失败程度只是普遍失败的一种更严重的形式。

要理解罪犯，还有一点是必需的。但在这一点上，他们与我们其他人并无二致。我们都希望克服困难。我们都在努力通过实现未来的某个目标来感到强大、优越和完整。杜威教授非常恰当地将这种倾向称为追求安全感。其他人称之为自我保存的努力。但不管我们给它什么名字，我们总会在人类身上发现这个重大的活动方向——从一个自卑的位置上升到一个优越的位置，从失败到胜利，从下到上的挣扎。它始于我们最初的童年，一直持续到我们人生的最后。人生就是继续在这个星球的表面生存下去，克服各种障碍，战胜各种困难。因此，当我们发现罪犯身上也存在完全相同的倾向时，我们不应感到惊讶。罪犯的所有行为和态度都表明，他在努力获得优越的地位，解决各种问题，克服各种困难。与众不同的不是他在这种方式上的努力本身，而是他努力的方向。一旦我们看到它朝着这个方向发展是因为他没有理解社会生活的需求而且不关心他的同伴时，我们将发现他的行为是完全可以理解的。

我必须郑重强调这一观点，因为当前学界存在诸多认知误区。某些研究者将罪犯视为完全异于常人的特殊群体：部分科学家武断地将犯罪归因于智力缺陷；遗传决定论者则坚称罪犯天生存在生理缺陷，注定走向犯罪；更有环境决定论者声称犯罪具有不可逆性。然而，大量实证研究已对这些谬见形成有力驳斥。更值得警惕的是，这些错误认知将彻底扼杀我们解决犯罪问题的可能性。在人类文明史上，犯罪始终是困扰社会的痼疾。但当代社会已不再满足于被动接受这一现状。我们拒绝用"基因决定一切"的宿命论来推卸责任，而是以科学态度和实际行动来应对这一社会顽疾。这种认知转变，正是推动犯罪防治工作取得突破的关键前提。

遗传与环境绝非决定命运的枷锁。即便生长于同一屋檐下，手足之间也可能走向截然不同的人生轨迹：我们既目睹过清白之家走出罪犯的案例，也见证过犯罪世家孕育出正直子弟的奇迹。更令犯罪心理学家困惑的是，某些惯犯会在而立之年突然洗心革面——若犯罪真是与生俱来的缺陷或环境注定的宿命，这样的转变岂非天方夜谭？但若以我们的视角观之，这种现象便豁然开朗：或许他置身于更宽容的环境，生活不再苛求完美；或许他已得偿所愿，不必铤而走险；又或是岁月不饶人——发福的身躯不再矫健，僵硬的关节难攀高墙，使得盗窃这门"手艺"对他而言，终究是力不从心了。这些转变恰恰证明，犯罪从来不是命中注定的诅咒，而是可以挣脱的枷锁。

在深入探讨之前，有必要澄清一个普遍误解：罪犯并非都是精神失常者。虽然确实存在精神疾病患者犯罪的情况，但这属于完全不同的犯罪类型。对于这类特殊群体，我们不应简单归责——他们的犯罪行为往往源于社会认知的偏差和我们不当的处置方式。同样需要区分的是智力缺陷者的犯罪。这类人本质上只是被利用的工具，真正的罪魁祸首是那些幕后策划者。这些主谋擅长编织美好愿景，利用智力障碍者的幻想和野心，自己则躲在暗处，让这些"工具人"承担犯罪实施和受罚的风险。这种犯罪模式在资深罪犯诱骗年轻人时尤为典型：经验丰富的罪犯精心策划，而涉世未深的青少年则沦为他们的犯罪工具。

现在让我们重新审视我之前提出的核心观点：所有人——包括罪犯在内——都在追求某种形式的成功，渴望获得某种终极地位。然而，不同个体的目标存在着显著差异。通过观察我们发现，罪犯所追求的目标具有鲜明的个人主义特征——他们试图通过私人化的方式获取优越感，而这种追求往往以牺牲他人利益为代价。关键在于，罪犯的目标缺乏社会价值。他们拒绝合作，而合作恰恰是社会维系的基础。社会需要其成员具备互惠互利的能力，但罪犯的生活方式却完全背离了这一原则。这种对社会贡献的缺失，正是犯罪行为的本质特征。我们将在后文详细探讨这一机制的具体表现。在此，我需要特别强调：理解罪犯的关键在于评估其合作能力的缺陷程度和性质。不同的罪犯在这方面存在显著差异：有些人仅止于轻微犯罪，有些人则犯下重罪；有些人是犯罪主谋，有些人则是从犯。要全面把握犯罪行为的多样性，我们必须深入分析每个罪犯独特的生活方式。

一个人典型的生活方式在很早就形成了，我们甚至可以在他们四五岁时就能看到它的主要特征。因此，我们不能认为改变它是一件容易的事。这是一个人自己的个性；只有通过理解他在塑造它时犯的错误，才能改变它。因此，我们开始能够理解为什么许多罪犯尽管受到多次惩罚、屡遭羞辱和蔑视，被剥夺了社会生活能提供的一切美好，仍然不思悔改，一再犯下同样的罪。并不是经济困难迫使他们犯罪。诚然，如果时局艰难，人们的负担加重，犯罪案件就会增加。统计数据显示，有时犯罪数量会随着小麦价格上涨而增加。然而，没有任何迹象表明是经济情况导致犯罪。这更多地表明许多人的行为受到限制。他们的合作能力是有限度的，当达到这些限度时，他们就再也无法贡献社会价值，最后一点合作的余地也被剥夺了，于是他们诉诸犯罪。从其他事实中，我们也发现，很多人在有利的情况下不会犯罪，但如果遇到超出其应对能力的问题时，他们也会犯罪。

重要的是生活方式和面对问题的方法。在个体心理学的这一切经验之后，我们终于可以阐明一个非常简单的观点。罪犯对他人并不感兴趣。他只能在一定程度上合作。当这种程度达到极限时，他就会转向犯罪。当遇到一个对他来说太困难的问题时，这种极限就会出现。考虑一下我们所有人都必须面对的人生问题，还有那些罪犯无法解决的问题，这是很有趣的。最终我们会发现，我们的人生中没有什么不是社会问题，而这些问题只有在我们对他人感兴趣时才能解决。

个体心理学教会我们将人生的问题大致分为三类。第一类问题是与他人关系的问题，即友谊问题。罪犯有时也能结交朋友，但只限于自己那类人。他们可以组成团伙，甚至可以彼此忠诚。但我们可以立即看到，他们已经缩小了自己的活动范围。他们无法与整个社会、无法与普通人交朋友。他们将自己视为一个流放团体，不懂得如何与同伴和睦相处。

第二类问题包括与职业有关的所有问题。如果询问很多罪犯这些问题，他们会回答："你不知道劳动状况有多糟糕。"他们觉得工作很可怕；他们不愿意与这些困难斗争。一份有益的职业意味着对他人感兴趣，并为他人的福祉做出贡献。但这正是罪犯的个性所缺乏的。这种缺乏合作的精神从很早就表现出来了，因此大多数罪犯在面对职业问题时没有做好准备。绝大多数罪犯都是未经训练的、没有技能的工人。如果追溯他们的历史，你会发现在上学前后，他们在这方面存在障碍，他们的兴趣停滞不前。他们从未学会合作。然而，合作是需要教导和训练的，而这些罪犯并未受过合作方面的训练。因此，如果他们在职业问题上失败，我们不能认为他们有罪。我们几乎可以用同样的方式看待它，就像我们在测试一个从未学过地理的人的地理知识一样。他要么给出错误答案，要么根本无法回答。

第三类包括所有与爱情有关的问题。一段美好而富有成果的爱情同样需要对他人的兴趣和合作精神。值得注意的是，送往管教所的一半罪犯在入院时患有性病。这或许表明他们想要通过简单的方式解决爱情问题。他们只将伴侣视为一件私有物品，我们经常发现他们认为爱情可以买卖。对这样的人来说，性生活只是一种征服和占有，是他们应该拥有的东西，而非人生中的合作关系。"如果我无法得到我想要的一切，人生还有什么意义呢？"许多罪犯如是说。

现在，我们可以看到，在治疗罪犯时应当从何处着手。我们必须培养他们的合作精神。仅仅将他们关进管教所是不够的。放任他们自由会对社会造成危险，而且在当前条件下，这根本无从谈起。社会必须免受罪犯的伤害——但这还远远不够。我们还必须思考："他们没有为社会生活做好准备，我们该拿他们怎么办呢？"缺乏在所有人生问题上的合作精神，这可不是一个小缺陷。我们每天每时每刻都需要合作，我们合作能力的程度会体现在我们的仪态、言语和倾听上。如果我的观察是正确的，那么罪犯在仪态、言语和倾听方面都与其他人不同。他们有自己的语言，我们可以理解，这种差异阻碍了他们智力的发展。当我们说话时，我们希望每个人都能理解。理解本身就是一个社会因素，我们赋予话语共同的含义；我们以任何其他人可以理解的方式来理解话语。对于罪犯来说，情况有所不同；他们有一套私人逻辑，一种私人智慧。我们可以从他们解释自己犯罪的方式中观察到这一点。他们并不是愚蠢的或者智障的。在大多数情况下，如果我们承认他们虚构的个人优越感目标，那么他们的推理是完全正确的。一个罪犯会说："我看到一个人穿着漂亮的裤子，而我没有，所以我不得不杀了他。"现在，如果我们承认他的各种欲望是最重要的，他不需要以有益的方式谋生，那么他的结论就很明智了，但这与常识是相悖的。最近在匈牙利发生了一起法院案件。一些妇女用毒药杀害了许多人。其中有一个人在入狱时说："我的儿子患病又游手好闲，所以我不得不毒死他。"如果她排除了合作，她还能做什么呢？她很聪明，但她有一种不同的看待事物的方式，一种不同的感知模式。因此，我们可以理解，如果罪犯看到有吸引力的东西并想以简单的方式获得它们，他们就会得出这样的结论：他们必须从这个自己根本不感兴趣的敌对世界中夺取它们。他们对世界的看法是错误的，对自己和他人重要性的评估也是错误的。

但在考虑他们缺乏合作精神时，这还不是最值得关注的地方。所有罪犯都是懦夫。他们在逃避自己觉得解决不了的问题。我们不仅可以从他们的犯罪行为看出他们的怯懦，也可以从他们面对人生的方式看出来。他们在犯罪时也表现出怯懦。他们靠黑暗和隔离保护自己，他们会突然袭击某人，在对方还没来得及自卫前就拔出武器。罪犯认为自己很勇敢，但我们不应受到同样的愚弄。犯罪是懦夫对英雄主义的模仿。他们在追求虚构的个人优越感目标，乐于相信自己是英雄；但这又是一个是错误的感知模式，是常识的缺失。我们知道他们是懦夫，如果他们确信我们知道这一点，那将对他们造成巨大的打击。他们认为自己战胜了警察，这使他们的虚荣心和骄傲膨胀，他们经常这样想"我永远不会被发现"。不幸的是，我相信，如果我们对每个罪犯的生涯进行非常细致的调查的话，就会发现，他们都曾犯过没有被发现的罪行，而这个事实是一个巨大的麻烦。当他们被发现时，他们会想："这一次我还不够聪明，但下次我会骗过他们。"如果他们真的逃脱了，他们就会觉得自己已经实现了目标，感到优越，并受到同伴的钦佩和欣赏。

我们必须打破人们对罪犯勇气和智谋的普遍评价；但我们什么时候去打破呢？我们可以在家庭、学校和管教所里做到这一点。稍后我将描述攻击的最佳切入点，目前我想进一步探讨可能导致合作失败的情况。有时，我们必须将责任归咎于父母。也许母亲没有足够的技巧来吸引孩子与她合作：她是如此固执己见，没有人能帮助她，或者她自己就不具备合作的能力。很容易看出，在不幸或破裂的婚姻中，合作精神并没有得到适当的发展。孩子最初的纽带是与母亲的联系，而母亲也许不愿让孩子的社交兴趣扩大化，去与父亲、其他孩子或成年人建立深层次联结。或者，孩子可能觉得自己是家中的老大，当他三四岁时，另一个孩子出生了，他觉得自己受到了挫折，被从原来的位置上赶了下来，于是拒绝与母亲或更小的孩子合作。这些都是需要考虑的因素。如果你追溯一个罪犯的人生，你几乎总能发现，麻烦始于他早期的家庭经历。关键不在于环境本身，而在于孩子误解了自己的处境，而身边又没有人来解释这一切。

如果一个家庭中有一个孩子特别出众或天资聪颖，这对其他孩子来说就是一种困难。这样的孩子会获得最多的关注，而其他孩子会感到气馁和受挫。他们不合作，因为他们想要竞争，却又没有足够的信心。我们经常可以看到那些被这样比下去的孩子们的不幸发展，他们从未被告知如何利用自己的各种能力。其中可能包括了罪犯、神经质患者或自杀者。

当一个缺乏合作精神的孩子上学时，我们可以从他第一天上学的行为就注意到这一点。他无法与其他孩子交朋友。他不喜欢老师，在课堂上注意力不集中，也不听课。如果他没有理解所学的内容，他可能会遭受新的挫折。他受到责备和斥责，而非受到鼓励和学习合作。难怪他会更加厌恶上学！如果他的勇气和自信心一直在遭受新的打击，他就不可能对学校生活感兴趣。在罪犯的生涯中，你经常会发现，在13岁时他才念四年级，被人指责是愚蠢的。他整个后半生都因此岌岌可危。他逐渐失去了对别人的兴趣，他的目标越来越偏向无益的一面。

贫穷也为错误地阐释人生提供了机会。一个来自贫困家庭的孩子可能会在家庭之外遭受社会偏见。他的家人饱受剥夺之苦，经历了很多磨难和悲伤。他本人可能很早就不得不赚钱来帮助他的父母。后来，他遇到了过着轻松生活、想买什么就买什么的富人；他觉得他们并不比自己更有权利放纵。不难理解为什么在那些贫富悬殊非常明显的大城市中，犯罪率是如此之高。嫉妒从来不会产生任何有益的目标，但在这种情况下，孩子很容易产生误解，认为通往优越地位的道路就是不劳而获地得到金钱。

自卑感也可能集中在某种生理缺陷上。这是我自己的发现之一，在这一点上，我或多或少为神经学和精神病学中的遗传理论铺平了道路。但即使在一开始，当我第一次写到器官缺陷及其心灵补偿时，我就意识到了这种危险。应该指责的不是身体本身，而是我们的教育方法。如果我们采用正确的方法，有生理缺陷的孩子也会对他人感兴趣，就像对自己感兴趣那样。如果没有人在旁指导，没有人帮助他培养对他人的兴趣，一个背负着不完美器官的包袱的孩子只会对自己感兴趣。有很多人患内分泌缺陷，但我想要明确的是，我们永远不能一劳永逸地说出内分泌腺的正常功能应该是什么样的。我们的内分泌腺体的功能可以非常多样化，而不会对个性造成损害。因此，这个因素必须被排除在外，特别是如果我们想找到一种正确的方法，也让这些孩子成为对他人有合作兴趣的好同伴。

在诸多犯罪者中，孤儿群体占据相当比例。每当思及我们竟未能帮助这些失去双亲的孩童培养合作精神，便深感这是文明社会的集体失职。同样值得关注的是私生子群体——这些既难获得他人真心关爱，也难以对周遭产生情感联结的灵魂。当孩童在成长中持续感知自己是被排斥的异类时，犯罪道路往往成为他们悲剧性的选择。犯罪统计中频繁出现的丑陋面容，常被简单归因为遗传决定论的佐证。但请试想：一个天生容貌缺陷的孩童将承受怎样的生命之重？他们可能背负着跨种族通婚的相貌特征，或因不符合主流审美而遭受歧视。这样的孩子注定无法享受寻常孩童与生俱来的天真魅力，他们的童年从一开始就戴着沉重的枷锁前行。然而我们必须坚信：只要施以恰当引导，这些被命运薄待的灵魂同样能够萌发社会情感。每个孩子都值得被温柔以待，这正是衡量社会文明程度的重要标尺。

　　此外，有趣的是，我们有时会在罪犯中发现异常英俊的男孩和男人。第一类人可能被视为携带不良遗传特征（伴随着身体缺陷，如畸形的手或腭裂）的受害者，那么对于这些英俊的罪犯，我们该如何看待呢？事实上，他们也是在难以培养社会兴趣的环境中长大的——他们是被宠坏的孩子。你会发现，罪犯分为两种类型。有些人不知道在这个世界上有同伴是什么感觉，也从未经历过。这样的罪犯对其他人持有敌对态度；他的眼神充满敌意，将每个人都视为敌人；他从来没有得到欣赏。另一种是那些被宠溺的孩子。我经常看到，在囚犯的抱怨中，他们会声称："我走上犯罪生涯的原因是母亲太宠溺我了。"

　　关于这一点，我们有必要深入探讨。但在此，我只想强调一个核心事实：犯罪者往往在成长过程中未能得到适当的引导，未能学会如何与他人有效合作。许多父母或许怀着美好的愿望，希望将孩子培养成善良正直的人，却苦于缺乏正确的教育方法。若父母采取专制与严苛的管教方式，孩子的成长几乎注定失败——他们要么在压迫中屈服，要么在反抗中迷失。反之，若父母过度溺爱，让孩子始终占据家庭舞台的中心，孩子便会误以为自己的存在本身就足以赢得世界的青睐，而无需通过真诚的努力去换取他人的认可。这样的孩子将逐渐丧失奋斗的动力，转而形成一种畸形的期待——他们渴望被关注，习惯于索取，却从未学会付出。一旦现实无法满足他们的需求，他们便会将一切归咎于外界，而非反思自身。

　　现在让我们来看一些案例，看看我们是否能发现这些要点，尽管这些描述并非出于这个目的。我将给出的第一个案例来自谢尔登和埃莉诺·T. 格卢克的《500 个犯罪生涯》；关于"铁石心肠的约翰"的案例。这个男孩解释了自己的犯罪生涯的起因：

> 我从未想过自己会这样放纵。在 15 岁时，我和其他孩子差不多。我喜欢运动并参与其中。我从图书馆借书看，作息规律，等等。我父母让我辍学去工作，然后拿走我所有的工资，只每周给我五十美分。

他在这里做出一个指控。如果我们询问他和父母之间的关系，如果我们能看到他的整个家庭情况，我们就能发现他真正经历了什么。目前我们只能将其视为对他父母不合作的肯定。

> 我工作了一年左右，然后开始与一个喜欢玩乐的女孩交往。

在犯罪者的经历中，我们常会看到这样的情形：他们往往会与贪图享乐的女孩纠缠在一起。回想我们之前的讨论——这实际上是对合作能力的考验。一个每周仅有 50 美分收入的男子，却与追求享乐的女孩交往，我们很难将这种关系视为爱情问题的真正解决之道。要知道，世上还有其他类型的女孩可选。显然，他走错了方向。在这种情况下，明智的做法应该是："如果她只贪图享乐，那她就不适合我。"这反映了人们对生活中重要事物的不同价值判断。

就算在 N 市，现在也无法用每周 50 美分给一个女孩一个不错的玩乐机会。老头不愿意给我更多钱。我很生气，脑子里一直在想：我怎样才能赚更多钱？

常识会说："也许你可以四处看看，找份收入更高的工作。"但他却贪图安逸，即便想要个姑娘，也不过是为了自己享乐，别无他求。

有一天，一个我刚结识的家伙来了。

一个陌生人的出现对一个人来说是一次新的考验。一个具备良好合作能力的男孩本不会受其蛊惑，但眼前这个少年显然已走在危险的歧路上。

他是个"行家"（即手法老练的窃贼，精通此道且"讲义气不黑吃黑"）。我们在 N 城屡屡得手，从此我便踏上这条不归路。

据了解，其父母拥有房产，父亲是工厂领班，家境勉强温饱。这个三兄弟之家的男孩，在失足前全家并无犯罪记录。我倒想看看那些遗传决定论者如何解释这个案例。他承认十五岁就有了异性经验，某些人或许会断定他性欲过剩。但实质上，他对他人毫无兴趣，只贪图享乐——毕竟，沉溺肉欲并非难事。他不过是在寻求这方面的认可，渴望成为性爱领域的"英雄"。十六岁时，他因结伙入室盗窃被捕。更多细节印证了我们的观点：他头戴宽檐帽，颈系红围巾，腰间别着左轮手枪，自诩为西部亡命徒。这个虚荣的少年沉迷于英雄幻象——除了用浮夸装扮吸引姑娘们注目，用金钱换取她们青睐外，他找不到其他证明自我的方式。对于所有指控，他都供认不讳。

> 我认为人生不值得过。对于整个人类，我除了最大的蔑视之外什么也没有。

所有这些看似清醒的念头，实则都源于潜意识。他无法理解这些想法，更看不清它们之间的内在关联。虽然感到生活重担压得喘不过气，却始终不明白自己为何如此颓丧。

> 我早就学会不信任任何人。都说盗亦有道，可同行照样会黑吃黑。有次我真心待个兄弟，结果反被算计。
> 要是钱够花，我也会像正常人一样老实——当然得是那种不用工作就能随心所欲地花钱。我天生厌恶劳动，过去是，将来也绝不会干活。

最后这段话可解读为："是压抑造就了我的犯罪生涯。欲望长期受压制，才逼得我走上这条路。"这个观点值得深究。

> 我作案从不为了犯罪而犯罪。不过说实话，开车踩

点、得手后扬长而去，确实有种特别的快感。

他把这种懦夫行径当成了英雄壮举。

　　上次失手时，身上有价值一万四千美元的珠宝，却蠢到跑去见相好。只变卖了些作盘缠，结果就被逮个正着。

所有这些有意识的想法实际上都是无意识的。他不理解它们；他不知道在它们的连贯性中，它们意味着什么。他觉得人生是一种负担，但他不明白自己为什么会感到气馁。

我已经学会不相信别人。他们说小偷之间不会互相伤害，但他们会。我曾经对一个家伙很好，结果他却伤害了我。

如果我有足够的钱，我会和任何人一样诚实。也就是说，不用工作也能做自己想做的事。我从不喜欢工作，我讨厌工作，也永远不会工作。

我们可以将最后这一点翻译为："正是压抑导致了我的犯罪生涯。我被迫压抑自己的愿望，因此我成了一个罪犯。"这是一个值得深思的观点。

我从未为了犯罪而犯罪。当然，开着汽车驶向目标地点，完成犯罪，然后逃之夭夭，这确实有一种"快感"。

他认为这是英勇，却没有意识到这是怯懦。

有一次我被抓时，身上有价值一万四千美元的珠宝，但是我不知道还有什么比去看我的女朋友更好的了，我只兑现了足够支付我去她那里的费用的钱，然后就被抓了。

这些人用金钱收买姑娘们的欢心，轻易获得胜利——却自以为是真正的征服。

监狱里设有学校，我打算学尽所能——不是为了改过自新，而是为了变得更危险，更能危害社会。

这番言论流露出对人类的极端仇视。他拒绝与人类为伍：

若我有个儿子，定要扭断他的脖子。你们以为我会愚蠢到让新生命降临这世界吗？

要挽救这样的人，唯一途径就是重建他的合作能力，纠正其扭曲的人生观。唯有追溯至童年早期的认知偏差，才能让他真正醒悟。本案缺乏关键细节记录，但我推测：他很可能曾是备受宠溺的长子，随着弟妹出生骤然失宠。正是这类看似微小的童年创伤，足以彻底摧毁一个人的合作能力发展。

约翰进一步说，他在自己就读的工业学校受到了粗暴的对待，他带着对社会的强烈仇恨离开了这所学校。我必须在这一点上多说几句。从心理学家的角度来看，监狱中的所有粗暴对待都是一种挑衅。这是一场力量的较量。同样，当罪犯不断听到"我们必须制止这股犯罪浪潮"时，他们也会将其视为一种挑战。他们想要成为英雄，并乐于接受这种挑战。他们将其视为一种运动：他们觉得社会在挑衅他们，于是更加顽固地继续犯罪。如果一个人认为自己在与全世界对抗，还有什么比被挑衅更能给他带来巨大的"快感"呢？在教育问题儿童时，挑衅他们也是最严重的错误之一："我们看看谁更强大！我们看看谁能坚持得更久！"这些孩子，像罪犯一样，对变得强大的想法感到陶醉；他们知道自己如果足够聪明，就能逃脱惩罚。在管教所里，他们有时会挑战罪犯；这是一种非常有害的做法。

现在让我给你看一个杀人犯的日记，他因为犯罪而被绞死。他残忍地谋杀了两人，并在行凶前写下了自己的意图。这将给我一个机会描述罪犯心中的那种计划。没有人能在不计划的情况下犯罪，在计划中总会出现对罪行的某种辩护。在我看过的这类自白文学作品中，我从未发现有完全简单、直白地描述犯罪过程的例子，我也从未发现罪犯不试图为自己辩护的例子。这里我们看到了社会情感的重要性。即使是罪犯也必须设法使自己与社会情感和解。同时，在犯罪之前，他必须准备好杀死自己的社会情感，冲破社会兴趣的围墙。所以在陀思妥耶夫斯基的小说中，拉斯科尔尼科夫在床上躺了两个月，考虑自己是否要犯罪。他用"我是拿破仑，还是一只虱子？"这样的想法激励自己。罪犯总是这样自欺欺人，用这种想象激励自己。实际上，每个罪犯都知道自己并未走上有益的道路，而且他也知道什么是有益的道路。然而，出于怯懦，他拒绝了它。他怯懦是因为他缺乏有益的能力：要解决的问题需要合作，而他从未受过合作方面的训练。日后，罪犯想卸下自己的包袱，他们想为自己辩护，诉说减轻处罚的境遇，就像我们展示的那样。"他病了，是个游手好闲的人，"等等。

这里是从日记中摘录的内容：

> 我被家人唾弃，令人厌恶和鄙视（他的鼻子有某种疾病），几乎被巨大的痛苦摧毁。没有什么能阻止我。我觉得我再也受不了了。我可以让自己屈从于这种被抛弃的状况，但是胃，胃是不能被支配的。

他提出了减轻罪责的借口。

> 曾有人预言我会被绞死，但我想："活活饿死和被绞死又有什么区别呢？"

在另一个案例中，一个孩子的母亲预言说："我确信有一天你会勒死我。"当他17岁时，他确实勒死了自己的阿姨。预言与挑衅在此产生了同样的心理暗示作用

> 我不关心各种后果。我无论如何都要死。我什么都不是，没人会理我。我想要的那个女孩也躲着我。

他想吸引那个女孩，却既无华服又无钱财。在他眼中，这姑娘不过是件可占有的物品——这便是他对爱情与婚姻的"解决之道"。

横竖都一样。不是得救，就是毁灭。

在这里，虽然我希望有更多的空间来进行解释，但我要说的是，这类人总执着于极端对立，像孩童般非黑即白。"要么饿死，要么上绞架"——"要么救赎，要么毁灭"。

一切计划定在周四，目标已选定。我在等待时机，届时要做件常人做不到的事。

他自诩为英雄："这事骇人听闻，绝非谁都干得出来。"果然，他持刀偷袭杀害一人——确实非常人所能为！

就像牧羊人驱赶羊群一样，饥饿驱使着人犯下最黑暗的罪行。

我可能再也看不到明天的太阳了，但我并不在乎。最糟糕的是被饥饿折磨。我因为一种不治之症而变得痛苦。最可恨的是还要忍受审判。人终要为自己的罪付出代价，但总比饿死强。如果我饿死了，没有人会注意到我。但现在会有多少人注意到我啊！也许有人会为我感到遗憾。我已经下定决心，一定要做到。我从没有像今晚这样害怕过。

事实上，他并不像自己认为的那样是个英雄！在遭受盘问时，他说："尽管我没有击中要害部位，但我确实犯了谋杀罪。我知道自己注定要被绞死，但那个人的衣服太漂亮了，我知道自己永远也买不起那样的衣服。"此刻他不再以饥寒为借口，现在，衣服成了他的执念。"我不知道自己在做什么，"他辩解道。这种托词，你总能以各种形式听到。有的罪犯会在作案前灌醉自己，好推卸责任。这一切都证明，他们要突破社会情感的围墙何其艰难。在我接触过的每一个犯罪案例中，相信都能印证我所指出的这些关键特征。

我们此刻真正面临的问题是：究竟该怎么办？如果我的理论正确——即每个罪犯的犯罪生涯都体现着社会兴趣缺失、合作能力匮乏的个体对虚幻优越感的病态追求——那么我们该如何应对？

无论是罪犯还是神经症患者，若不能成功引导他们建立合作能力，我们实际上束手无策。这一点再怎么强调都不为过：唯有激发罪犯对人类福祉的关注，培养其对他人利益的关心，训练其合作能力，引导其采用合作方式解决人生问题，我们才能真正解决问题。若做不到这些，一切努力都是徒劳。

这项任务远比表面看起来复杂。既不能通过降低要求来讨好他们，也不能依靠严苛手段来压制他们。单纯指出其错误并与之争辩同样无济于事——他们的认知模式早已固化，这种世界观已延续多年。要改变他们，必须追溯其行为模式的根源：找出最初失败的开端及诱发环境。事实上，其人格主要特征在四五岁时就已定型，那些导致其犯罪生涯的自我认知与世界认知的根本性错误，正是在那个阶段形成的。我们必须理解并纠正这些原始认知偏差，从其态度最初形成的源头着手干预。

后来，他将自己经历的一切都变成了他的态度的理由。如果他的经历不完全符合他的想法，他就会反复思考并调整它们，直到它们更符合他的意愿。如果一个人的态度是"其他人虐待和羞辱了我"，他就会找到大量证据来证实这一点。他会寻找这样的证据，而不会注意到相反的证据。罪犯只关心自己和自己的观点。他有自己的观察和倾听方式，我们经常可以看到，与他对人生的解释不符的事物，他都会置之不理。因此，我们无法说服他，除非我们能够理解他所有的解释，理解他对自己观点的所有训练。并发现他的态度最初是如何形成的。

体罚之所以无效，关键在于它强化了罪犯对社会敌意的认知。这种经历往往始于学校教育阶段——由于缺乏合作训练，他在学业和行为上表现欠佳，随之而来的责备和惩罚非但没有促进其改变，反而加深了他的绝望感。试想，谁会愿意留在一个持续遭受否定和惩罚的环境中呢？在这样的恶性循环中，孩子逐渐丧失了仅存的自信心。他对学习任务、师生关系和校园生活完全失去兴趣，最终选择逃避。而在那些隐蔽的角落，他遇见了与自己经历相似的同伴。这些"同病相怜"者不仅不会责备他，反而会给予他渴望的认可，并激发他在反社会道路上"出人头地"的幻想。由于对社会规范完全失去认同，他自然将这些犯罪同伙视为知己，而将整个社会当作对立面。这种扭曲的归属感，正是成千上万青少年加入犯罪团伙的心理基础。更可悲的是，如果我们继续以惩罚的方式对待他们，只会进一步证实其"社会即敌人"的偏执认知，使其在犯罪的道路上越陷越深。

这类孩子本不应被生活的困境所击倒。关键在于，我们必须守护他们心中希望的火种。倘若能通过学校教育改革，帮助这些孩子重建自信与勇气，我们完全能够阻断其滑向犯罪的道路。这一教育理念将在后文详述；此处需要强调的是，正如我们所见，惩罚措施往往被罪犯曲解为社会敌意的印证——这恰恰强化了他们根深蒂固的错误认知。

体罚无效还有其他原因。许多犯罪分子并不喜欢自己的人生。他们中的一些人在人生的某些时刻甚至接近自杀的边缘。体罚并不能恐吓他们。他们可能被战胜警方的欲望冲昏头脑，以至于连疼痛都感觉不到。这是他们对所认为的挑衅做出的整体反应的一部分。

当执法人员采取高压手段时，罪犯往往将其视为一场智力较量的邀请。这种对抗姿态恰恰强化了他们"智胜警方"的扭曲成就感。正如我们的观察所示，他们将每一次社会互动都解读为必须取胜的战争。若我们同样以对抗思维回应，便不自觉地落入了他们的心理陷阱。甚至连死刑都可能被曲解为终极挑战——刑罚越严厉，他们越渴望证明自己能够"战胜"司法体系。这种心理机制在诸多案例中得到印证：一名即将面临绞刑的囚犯，其最后思绪竟仍停留在犯罪细节的懊悔上："若是当时没遗落眼镜就好了！"

真正的解决之道在于追溯其童年时期合作能力的发展障碍。在这方面，个体心理学为我们提供了关键的洞察窗口。研究表明，儿童在五岁前就已形成相对完整的心理结构，各种人格要素在此阶段完成整合。虽然遗传因素和环境经历确实产生影响，但更具决定性的是儿童如何诠释和运用这些经历。这才是我们研究的重点所在——因为我们对先天禀赋的认知实在有限，而唯有理解儿童如何在其处境中把握发展可能性，才能真正触及问题的核心。

所有罪犯的情有可原之处在于，他们都有一定程度的合作意愿，但这种合作不足以满足我们的社会生活的需求；在这一点上，首要责任在于母亲。她必须明白如何扩大这种兴趣的纽带；如何将对自己的兴趣扩展到他人身上。她必须以这样的方式行事，让孩子对整个人类和自己的未来人生产生兴趣。但也许母亲并不希望孩子对任何人感兴趣。也许她的婚姻并不幸福：夫妻意见不合，正考虑离婚，或者彼此猜忌。因此，母亲也许希望孩子完全属于自己，从而娇惯他，不让他离开自己独立成长。在这种环境下，合作发展的空间显然受到了限制。

对其他孩子的兴趣对于培养社会兴趣同样至关重要。有时，如果其中一个孩子是母亲的最爱，其他孩子就不太愿意与他结为朋友，或对他产生兴趣。当这种情形被误解时，便可能成为犯罪生涯的开端。如果一个家庭中有一个特别出色的男孩，排在他后面的那个男孩往往就会成为一个问题儿童。例如，第二个孩子更加和蔼可亲、有魅力，哥哥就会觉得父母对自己的关爱被剥夺了。对这样一个孩子来说，很容易自欺欺人，沉醉于被忽视的感觉。他会寻找证据来证明自己的指责是正确的。他的行为越发恶劣，受到的惩罚也越发严厉，他发现了证实自己被挫败且身份卑微的证据。因为他感觉自己被剥夺了权利，便开始偷窃；他被发现并受到惩罚，这更加证明了他不受喜爱，且他人都是他的敌人。

如果父母在孩子面前抱怨时世艰难、境遇恶劣，便会阻碍孩子社会兴趣的发展。

如果他们总是指责亲戚或邻居，总是批评他人，表现出恶意和偏见，也会产生同样的影响。如果孩子对他们的同伴持有扭曲的观念，长大后最终转而反对父母也就不足为奇了。无论社会兴趣受到何种阻碍，剩下的只会是自私的态度。孩子会想："我为什么要为别人做事？"由于他无法以这种心态解决人生问题，他必然会犹豫不决，寻求逃避和捷径。他觉得奋斗太过艰难了，即使伤害他人也无所谓。这是一场战争，战争中的一切手段都是正当的！

以下举几个例子，你可以从中追溯犯罪模式的发展。在一个家庭中，次子是一个问题儿童。据我们所见，他相当健康，并无遗传缺陷。长子深受宠爱，而弟弟则一直试图在赶超哥哥，好像在进行一场比赛，试图击败领跑者。他的社会兴趣没有得到发展——他非常依赖母亲，他想从她身上得到他能得到的一切。他有一个艰巨的任务，试图与他的哥哥竞争；他的哥哥在学校是班上的佼佼者，而他却是垫底的。他对统治和支配的渴望表现得非常明显。他常常对家中的老女仆发号施令，让她在房间里来回走动，像操练士兵一样操练她。那个女仆很喜欢他，即使在他20岁的时候，也允许他扮演将军的角色。他总是忧心忡忡，对自己必须完成的事情感到过分紧张，然而却从未完成过任何事情。当他遇到困难时，他总是能从母亲那里得到钱，尽管他的行为会受到责备和批评。他突然结婚了，这增加了他所有的困难。然而，他所关心的只是他比哥哥先结婚了；他认为这是一次伟大的胜利。这证明他对自己的评价真的很低——他想在这种荒谬的事情上成为征服者。他根本没有做好结婚的准备，他和妻子总是争吵。当母亲无法像从前那样资助他时，他就倒卖钢琴，即在未取得相关资质的情况下将它们倒卖到国外。正是这个行为将他送进了监狱。在这段历史中，我们可以观察到他后来的生涯在童年时期的根源。他成长在哥哥的阴影之下，就像一棵小树被一棵大树遮住阳光。与性情温和的哥哥相比，他感觉自己受到了冷落和忽视。

我将举的另一个例子，是一个12岁的女孩，她非常有抱负，父母都很娇惯她。她有一个较小的妹妹，让她十分嫉妒，这种竞争心态在家里和学校都表现了出来。她总是在寻找妹妹被优待、得到更多糖果或金钱的例子。有一天，她从同学的口袋里偷了钱，被发现后受到了惩罚。幸运的是，我能够向她解释整个情况，使她不再认为自己无法与妹妹竞争。与此同时，我向她的家人说明了情况，他们设法阻止了竞争，避免给人留下妹妹更受欢迎的印象。这件事发生在20年前。如今，这个女孩已成家立业，为人诚实，自那以后，她的人生中没有犯过大错。

我们已经考虑到孩子的发展尤其在受到威胁的情况下，但我想在这里简要回顾一下。我们必须强调这些情况，因为如果个体心理学的发现是正确的，那么我们只有认识到这种情况对犯罪观念的影响，我们才能真正帮助他们走向合作。有特殊困难的孩子主要有三种类型：第一，存在器官缺陷的孩子；第二，被宠溺的孩子；第三，被忽视的孩子。首先，存在器官缺陷儿童往往会产生被自然剥夺权利的心理认知。若缺乏针对性的社会兴趣培养，这类儿童极易形成过度的自我中心倾向。临床观察显示，他们常通过支配他人来补偿自卑感。例如，我们曾记录一个典型案例：一名因求爱遭拒而深感羞辱的男孩，最终唆使另一位心智发育较迟缓的同伴实施了杀人行为。其次，被溺爱的孩子存在社会兴趣发展受限的问题。他们的情感联结过度集中于溺爱者身上，难以扩展到更广泛的社会关系。这种狭隘的情感依附模式严重阻碍了其社会化进程。第三类是被忽视孩子。需要说明的是，完全不被照料的婴儿难以存活，但我们确实观察到部分处于准忽视状态的儿童群体，包括孤儿、非婚生子女、外貌或身体存在缺陷的孩子等。这一分类很好地解释了犯罪人群中两个典型亚型的来源：其一是因外貌缺陷而被忽视的群体，其二则是因外表出众而受到过度宠爱的群体。

对于那些我亲身接触过的罪犯，以及我在书籍和报纸上读到的犯罪描述，我一直在努力寻找罪犯人格的结构，并且我总能发现，个体心理学的关键能让我们理解这些情境。让我从一本古老的德国书籍《安东·冯·菲尔巴哈》中选取几个例子来说明。顺便提一下，我经常在旧书中找到对犯罪心理的最佳描述。

（1）康拉德·K.弑父案是一个令人深思的悲剧。这个长期遭受父亲虐待的年轻人，最终在一名仆人的教唆下犯下了弑父罪行。其父不仅对家人实施暴力，更曾因儿子的一次反抗而将他告上法庭。令人震惊的是，当时的法官竟表示："你有一个邪恶好斗的父亲，我看不出有什么解决办法"——这无异于为后来的暴力行为提供了正当性借口。这个破碎的家庭曾试图寻找出路，却陷入更深的困境。当父亲将情妇带回家中并将儿子逐出家门时，走投无路的康拉德结识了一个心理扭曲的日工——此人以挖母鸡眼睛为乐。正是这个残忍的同伴最终说服他弑父。值得注意的是，康拉德最初因顾及母亲而犹豫不决，这显示他尚存的社会情感仅局限于母亲一人。这个案例揭示了一个可悲的心理过程：只有当那个崇尚暴力的日工为他提供了"正当理由"后，这个与社会几乎完全脱节的年轻人才最终跨越了道德底线。他残存的社会情感如此脆弱，甚至无法延伸到自己的父亲身上，却需要借助另一个反社会者的支持才能实施犯罪。

（2）玛格丽特·茨万齐格，被称为"著名的毒杀犯"。她是一个慈善机构的孩子，外表矮小且畸形，因此，正如个体心理学家所说的，她受到刺激后变得虚荣，并渴望吸引关注。她表现得过分有礼貌。经历了许多冒险之后，她几乎陷入了绝望，于是她试图三次毒害妇女，希望能将她们的丈夫据为己有。她感到自己受到剥夺，无法想到其他"报复"的方式。她假装怀孕并企图自杀，以留住这些男人。在她的自传中（许多罪犯都喜欢撰写自传），她写下了这些话，无意中证实了个体心理学的观点，但她自己却无法理解这一点："每当我做了什么坏事，我都会想，没人为我感到难过，那我为什么要担心让别人难过呢？"

从这些话中，我们可以看到她是如何渐渐走向犯罪的，如何激励自己，如何为自己寻找减轻罪责的情境。当我提出合作和关注他人时，我经常听到这样的话："但别人对我并不感兴趣！"我总是回答："总得有人先开始。如果别人没有合作的意愿，那与你无关。我的建议是你应该先开始，不用在乎别人是否合作。"

（3）N.L.，长子，所受的教育很差，有一条腿残疾，在弟弟面前充当了父亲的角色。我们也能认识到这种联系，也许最初是一种追求优越感的目标，可能是在有益的一面。然而，也许这只是出于骄傲和炫耀的欲望。后来，他赶走了母亲，让她去乞讨，说："滚开吧，你这个野兽。"我们可以为这个男孩感到难过：他甚至对母亲也没有兴趣。如果我们在他还是个孩子的时候就了解他，就能看到他是如何朝着犯罪生涯发展的。有很长一段时间他失业了，没有钱。他染上了性病。有一天，在他徒劳地寻找工作后回家的路上，他杀死了自己的弟弟，以占有对方微薄的收入。在这里，我们看到了他合作的局限性——没有工作，没有钱，还有性病。人总有这样那样的限制，如果个人欲望超出了这些限制，他就会感到无能为力。

（4）这个孩子自幼失去双亲，被寄养在一户人家。养母对他百般溺爱，将他娇惯成了一个任性妄为的孩子。成年后的他虽有些经商头脑，却总爱装腔作势，处处要强出头。养母不仅纵容他，甚至对他产生了超越亲情的爱慕。在这样畸形的环境中，他逐渐堕落成一个彻头彻尾的骗子。尽管养父母家境普通，他却摆出贵族派头，不仅挥霍尽养父母的积蓄，最后竟狠心将他们赶出家门。长期的溺爱和错误教养使他无法适应正当职业，反而形成了扭曲的成功观——认为欺诈和诡计才是成功之道。在他眼中，每个人都成了需要算计的对手。可悲的是，养母对他的偏爱远胜于自己的亲生子女和丈夫。这种畸形的宠爱让他产生了病态的优越感，自以为可以予取予求。然而，这种狂妄自大恰恰暴露了他内心深处的自卑——他根本不相信自己能通过正当途径获得成功。

我们已经指出，没有任何理由让任何孩子遭受这种气馁、这种深深的自卑感，即觉得合作是无益的。没有人会在面对人生的问题时感到彻底的失败。罪犯选择了错误的手段，我们必须向他指出，他在何处以及为什么选择了这些手段，并培养他对他人的兴趣与合作的勇气。如果人人都认识到犯罪是怯懦而非勇气，我相信这将剥夺罪犯最大的自我辩护的理由，未来也就不会有孩子选择训练自己去犯罪。在所有的犯罪案例中，无论描述是否正确，我们都可以看到一种错误的童年生活方式的影响，这种方式表现为缺乏合作能力。我想说，这种合作的能力必须经过训练。它绝不是遗传的，这一点毫无疑问。合作的可能性是存在的，并且这种可能性应被视为天生的；但它是每个人类共有的，要发展这种潜力，必须经过训练和锻炼。除非我们能找到接受过合作训练却仍然成为罪犯的人，否则关于犯罪的其他观点在我看来都是多余的。我从未遇到过这样的人，也从未听说过有人遇到过这样的人。防止犯罪的正确方法是适当程度的合作。只要没有认识到这一点，我们就无法希望避免犯罪的灾难。我们可以像教授地理一样教授合作；因为这是真理，而我们总是可以传授真理。如果一个孩子或一个成年人在接受地理测试时没有做好准备，那么他就会失败。如果一个孩子或成年人面临需要合作知识的情况时没有做好准备，那么他也会失败。我们所有的问题都需要某种合作的知识。

我们已经结束了对犯罪问题的科学探究，现在我们必须勇敢地面对真相。经过数千年，人类仍然没有找到正确的方法来应对这个问题。已经采取的手段似乎都是无用的，这场灾难仍然伴随着我们。我们的调查告诉了我们原因：从未采取正确的步骤来改变罪犯的生活方式，也从未采取过措施来防止错误生活方式的发展。如果不这样做，任何措施都不会真正有效。

让我们回顾一下我们的研究。我们发现，罪犯并非人类的例外，他们与其他人非常相似，他们的行为只是人类行为的可理解的变体。这是一个非常重要的结论：如果我们理解犯罪本身并不是孤立的事件，而是人生态度导致的一种症状，并且如果我们能够看到这种态度是如何产生的，那么，在我们面前的就不再是一个无解的问题，我们就可以充满信心地着手改变它。我们发现，罪犯长期以来一直在不合作的思想和行动方面训练自己；而这种缺乏合作的根源可以追溯到他的童年早期，人生的头四年。在那些年里，他对他人的兴趣发展受到了阻碍。我们已经描述了这种阻碍是如何与他与母亲、父亲和其他孩子的关系、周围的社会偏见、环境的困难以及其他类似因素相关联的。我们发现，在所有种类的罪犯和各种类型的失败者中，最大的共同点就是这种缺乏合作、缺乏对他人和人类福祉的兴趣。如果我们想有所作为，就必须训练和教授这种合作能力。没有其他方法可以达到这个目的。一切都取决于这个单一的因素：合作能力。

罪犯与其他类型的失败者存在一个关键区别。在长期与社会对抗的过程中，他逐渐丧失了通过正常途径实现人生价值的希望。然而，与其他彻底消沉的人不同，罪犯身上仍残存着某种生命力——只是他将这仅存的能量全部倾注到了破坏性的方向上。

令人玩味的是，在犯罪这一特定领域，他反而表现出惊人的

"积极性"，甚至能与同伙建立某种扭曲的合作关系。这种特质使他区别于神经症患者、自杀倾向者或酗酒者。但可悲的是，他的人生可能性被压缩到极致：有时仅限于某类特定犯罪，甚至不断重复同一种罪行模式。就像困在旋转笼中的仓鼠，他的整个世界被禁锢在这个可悲的狭小圈子里。这种生存状态赤裸裸地暴露了他内心深处的怯懦。而这种怯懦几乎是必然的——因为真正的勇气，从来都植根于健康的社会合作能力之中。

罪犯在实施犯罪前，早已在思想和情感上进行了漫长的"自我说服"。日复一日，他精心编织着犯罪的合理性：白天反复盘算，夜间不断幻想，一步步消磨残存的社会责任感。为了突破内心最后那道社会情感的屏障——这道天然防线本应坚固无比——他必须寻找各种借口：或是夸大自己遭受的不公，或是沉溺于被害妄想，以此为自己开脱。这种心理机制解释了为何罪犯总是执着于为自己辩解，也说明了单纯的说教为何对他全然无效——他的世界观早已自成体系，并用毕生经历为其提供佐证。除非我们能洞悉这种扭曲态度的形成过程，否则任何表面上的规劝都难以奏效。但在这场心理博弈中，我们握有一张关键王牌：健全的社会情感。正是这份对他人的真诚关怀，让我们得以找到真正能触动他、帮助他的途径。

当一个人陷入困境时，若缺乏以合作方式应对的勇气，转而寻求捷径，他便开始滑向犯罪的深渊。这种倾向在面临经济压力时尤为明显——与常人一样，罪犯也在追求某种安全感与优越感，渴望解决困境、跨越障碍。然而，他的努力却与社会规范背道而驰：他所追逐的是一种虚幻的个人优越感，通过挑战警察、法律乃至整个社会秩序来证明自己的"胜利"。这本质上是一场自欺欺人的游戏——他沉醉于违法而不被发现的快感，甚至将下毒、欺诈等罪行视为"个人壮举"，用自我麻痹来维持这种扭曲的成就感。在初次被捕前，他或许屡屡得手；而一旦败露，他的反应并非悔悟，而是懊恼："若我再聪明些，就能全身而退了。"这一切无不暴露其根深蒂固的自卑情结——他逃避劳动与社会责任，认定自己无法通过正当途径取得成功。缺乏合作能力的训练进一步加剧了他的困境。多数罪犯并无一技之长，只能以虚假的优越感掩饰无能，自诩"勇敢"或"独特"。然而，一个从人生战场上临阵脱逃者，岂能称为英雄？罪犯犹如梦游者，活在自己编织的幻境中：他拒绝直面现实，否则便不得不放弃犯罪生涯。于是，他沉溺于"我能杀人，故我强大"或"我能逍遥法外，故我聪明"的妄想中。追溯其根源，罪犯往往源于两类童年经历：重压下的孩子——过早背负超出承受能力的责任，或饱受忽视与冷落，从未体验合作的温暖，误以为世界充满敌意；被溺爱的孩子——从未学会通过努力获取所需，认为世界理当满足其一切要求，一旦遭遇挫折便愤懑不平，拒绝合作。器官缺陷的儿童若未得到恰当引导，同样可能陷入自我封闭的泥沼。被忽视的孩子、不想要的、不被欣赏的或被憎恨的孩子也处于类似的情况：他们从未经历过与他人的合作；他们不知道，被人喜欢、赢得喜爱、通过合作解决问题是可能的。被宠溺的孩子没有被教导通过自己的努力获得东西，他们认为只要自己想要什么，世界就应该迅速满足他们的要求。如果他们无法得到想要的一切，他们就会觉得受到了不公平的对待，并拒绝合作。在每一个罪犯背后，我们都能追溯到这种历史。他们没有受到合作方面的训练，无法做到合作。无论他们遇到什么问题，都不知道如何着手解决。因此，我们必须确切地知道自己要做什么。我们必须训练他们的合作能力。我们拥有这方面的知识，现在也积累了足够的经验。我确信个体心理学向我们展示了如何改变每一个罪犯。但是，考虑到要改变每一个罪犯的生活方式，这将是一项多么艰巨的工作。不幸的是，在我们的文化中，如果困难超出一定的程度，大多数人的合作能力就会耗尽，我们发现在艰难的时期，罪犯人数总是会增加。我相信，如果我们要确保以这种方式彻底铲除犯罪，我们将不得不对人类中的很大一部分进行治疗，而我并不确定立即将每一个罪犯或潜在罪犯变成一个好同伴是否可行。不过，我们仍然有很多可以做的。如果我们不能改变每一个罪犯，我们可以做一些事情来减轻那些没有足够能力应对他们的人所承受的负担。例如，对于失业和缺乏职业培训和技能的问题，我们应该让每一个想要一份工作的人都能获得工作机会。这将是降低我们社会生活要求的唯一方式，以免大部分人失去最后一点合作能力。毫无疑问，只要这样去做，罪犯人数就会下降。我不知道我们缓解经济状况的时机是否成熟；但我们当然应该为这种变化努力。我们还应该为孩子将来的职业更好地训练他们，使他们能够更好地面对人生，有更大的活动范围。这种训练也可以在我们的监狱中进行。在这方面，我们已经采取了一些步骤，也许我们只需加大力度就可以了。虽然我不相信有可能为每个罪犯提供单独治疗，但我们可以通过大规模治疗做出很大的贡献。例如，我建议我们应该与大量的罪犯就社会问题进行讨论，就像我们在这里考虑的那样。我们应该向他们提问，让他们回答。我们应该启发他们的思想，将他们从做了一生的梦中唤醒。我们应该把他们从对世界的个人解释的陶醉中解放出来，使他们不再对自己的未来有如此低的看法；我们应该教导他们不要限制自己，并减少他们对自己必须面对的情况和社会问题的恐惧。我非常确信通过这样的治疗可以取得巨大的成果。

我们还应该在我们的社会生活中避免一切可能对犯罪分子或穷人构成挑战的事情。如果贫富悬殊太大，处境不利的人就会感到愤怒和被挑衅。因此，我们应该减少炫耀行为：没有必要总是夸大某个人拥有万贯家财。在治疗发育缓慢和问题儿童时，我们已经认识到，挑衅他们、与他们进行力量较量是完全无用的。这是因为他们认为自己正在与所处的环境进行一场战争，所以他们坚持自己的态度。对于罪犯也是如此。在全球范围内，我们都可以观察到，警察、法官，甚至我们制定的法律都在挑衅罪犯，让他们奋力对抗。永远不应该有威胁，如果我们能更加沉默、不提及罪犯的姓名或不那么大张旗鼓地宣扬，情况会更好。这种态度需要改变。不要认为用严厉或温和的手段就可以改变一个罪犯。只有当他更好地了解自己的情况时，他才能被改变。当然，我们应该以人道主义的态度对待他们，我们不应该认为罪犯会被判死刑的想法吓倒：正如我们所看到的，死刑有时只会增加他们犯罪的兴奋感，即使在被处以电椅刑时，罪犯也只会考虑他们是由于什么失误而被捕的。

如果我们能加大力度去发现罪犯的踪迹，那将是非常有益的。据我所知，至少有40%的罪犯，甚至可能更多，都逃脱了法律的制裁。而这一点正是人们对罪犯产生误解的根源。几乎每个犯罪分子都有过犯罪却未被发现的经历。在这些方面，我们已经有所改进，并且正在朝着正确的方向发展。重要的是，无论在监狱里还是离开监狱后，罪犯都不应该受到羞辱或挑衅。增加缓刑人员将是有用的，前提是选择合适的人选。缓刑人员自己也应该对社会问题和合作的重要性有所了解。

通过以上措施，我们确实能够取得显著成效。然而，客观而言，这些方法仍难以实现我们所期望的犯罪率大幅下降。值得庆幸的是，我们尚有一剂良方，这是一种极具可操作性且成效卓著的根本解决方案。倘若我们能够从小培养孩子的合作精神，帮助他们建立充分的社会责任感，犯罪数量必将显著减少，且这一转变将很快显现成效。届时，孩子们将不再轻易受到蛊惑或引诱；无论遭遇何种人生困境，他们对社会的责任感都不会轻易丧失。相较于我们这一代人，他们将具备更强的解决问题能力和更高的人生满足感。值得注意的是，绝大多数犯罪者的违法生涯往往始于青少年时期，15~28岁通常是犯罪高发阶段。正因如此，教育干预的效果将很快得以显现。更进一步说，正确的儿童教育还将深刻影响家庭生态。当孩子成长为独立进取、乐观向上的个体时，他们自然成为父母得力的助手和心灵的慰藉。这种合作精神将如涟漪般扩散至整个社会，推动人类文明迈向更高层次。在此过程中，我们不仅塑造着孩子们的未来，也在潜移默化中影响着家长和教育工作者的成长。

唯一尚待解决的问题是，我们如何选择最佳的切入点，寻找何种方法来教育孩子们，使他们能够应对日后人生中的各种任务和挑战。也许我们可以训练所有的父母？但不可行。这个提议并没有给予我们多少希望。父母很难联系到，而最需要训练的父母正是我们从未见过的人。我们无法触及他们，因此必须另寻他径。也许我们可以抓住所有的孩子，将他们囚禁起来，置于监管之下，并时刻严密看守？这个提议似乎也不太好。然而，有一种方法是切实可行的，并有可能找到真正的解决办法。我们可以使教师成为我们社会进步的工具：我们可以训练我们的教师纠正家庭中的错误，训练和传播孩子们对他人的社会兴趣。这是学校发展的必然趋势。由于家庭无法为孩子应对日后生活中的所有任务提供准备，所以人类建立了学校，作为家庭的延伸。为什么我们不利用学校让人类变得更有社会性、更有合作精神、更关注人类的福祉呢？

您会看到，我们的行动必须基于以下理念：我们在当前文化中所拥有的一切优势，都是由那些做出贡献的人的努力所实现的；如果个体不合作、对他人没有兴趣、对整体没有贡献，他们的整个人生就是徒劳的，他们会消失，不留任何痕迹；只有那些做出贡献的人的工作才能存留下来；他们的精神会继续存在，他们的精神是永恒的。如果我们以此为基础教育孩子，他们自然会喜欢需要合作的工作。如果他们遇到困难，他们不会退缩，而是有足够的勇气面对甚至是最困难的问题，并为了共同利益而解决它们。

第十章 职 业

　　束缚人类的三种纽带决定了人生中的三大问题，但这三大问题无法单独解决，每一个问题的解决都需要成功应对另外两个问题。第一种纽带决定了职业问题。我们生活在这个星球的表面，只能利用这个星球的资源，利用它土地的肥沃、矿产的财富以及气候和大气环境。一直以来，人类的任务就是找到正确的方式应对这些状况给我们带来的问题。即使在今天，我们也无法认为自己已经找到了充分的答案。在每个时代，人类都达到了一定的解决水平，但总是有必要继续努力，追求进步和更多的成就。

　　我们解决这个问题的最佳方式取决于第二个问题的解决。束缚人的第二种纽带是，他们属于人类，并且与其他人生活在一起。如果一个人是地球上仅存的人类，他的态度和行为就会完全不同。我们总是要考虑其他人，适应其他人，并对他们产生兴趣。这个问题最好通过友谊、社会情感和合作来解决。如果解决了这个问题，我们就向解决第一个问题迈进了一大步。

正是因为人类学会了合作，我们才发现劳动分工这一伟大机制——此乃保障人类福祉的首要基石。试想，若每个人都试图在毫无协作、亦无历史协作成果的情况下独自向土地讨生活，人类生存根本无以为继。正是通过劳动分工，我们得以整合各类训练成果，统筹多样才能，使其悉数贡献于公共福祉，既为全体社会成员消除生存隐忧，又为每个人创造更多发展机遇。固然，我们尚不敢妄言已臻至善至美之境，劳动分工体系也远未发展到最理想状态。但任何职业问题的解决方案，都必须置于人类劳动分工的框架之下——即通过协作劳动，使我们的工作不仅利己，亦能惠及他人。

有些人试图逃避职业这一人生课题——要么彻底不工作，要么从事与人类共同利益无关的活动。然而我们终将发现，这些逃避者实际上仍在变相索取他人的支持。他们总在以各种方式坐享他人劳动成果，却不愿做出自己的贡献。这正是被宠坏孩子的生活方式：每当遇到问题就要求别人代为解决。而恰恰是这些被宠坏的孩子，阻碍着人类合作精神的发扬，将本应共同承担的重担不公平地压在了那些积极解决人生问题者的肩上。

人类第三种纽带是，他属于两性之一，而不属于另一性别。个体如何对待异性、如何履行性别角色，直接关系到人类种族的延续。两性关系同样构成一道人生课题，且这道课题同样无法脱离前两重问题（职业与社会关系）单独求解。要圆满解决爱情与婚姻这一课题，必须具备两个前提：其一，从事有益于社会分工的职业；其二，与他人建立良性互动。正如我们所见，在当今社会，最符合社会要求与分工需求的完美解决方案，当属一夫一妻制。一个人对此课题的解答方式，总能折射出其合作能力的高低程度。这三重人生课题从来密不可分：它们彼此映照、互为因果——解决其中任一问题，都将促进其他问题的解决。事实上，我们完全可以说，它们不过是同一生存处境的不同面向，即人类如何在所处环境中维系生命、并促进生命发展的根本命题。

在此我们要重申：通过母亲这一职业为人类生命延续做出贡献的女性，在社会分工中占据着与任何人同等崇高的地位。倘若一位母亲真正关心子女的成长，为他们成为社会成员铺路，拓展他们的兴趣并培养其合作能力，那么她的工作价值无可估量，永远无法得到恰如其分的回报。然而在我们的文化中，母亲的劳动常被低估，甚至被视为缺乏吸引力、不值得尊重的职业。这份工作没有直接报酬，以致选择以母职为主的女性往往陷入经济依附的处境。但必须明确的是：家庭的成功同样仰赖母亲与父亲的共同付出。无论母亲是操持家务还是外出工作，其作为母亲的贡献绝不逊色于丈夫的工作价值。

母亲是发展孩子的职业兴趣的首要影响力。人生头 4 年的努力和训练对孩子成年后的主要行动领域至关重要。如果我被要求提供职业指导，我总是会询问个人最初的情况，以及他在最初几年里对什么感兴趣。对这个时期的记忆可以确凿地显示他一直在为什么训练自己：它揭示了他的原型和潜在的感知模式。关于早期记忆的重要性，我稍后再谈。

下一步是由学校进行训练，我相信，如今学校更加重视孩子未来的职业，重视培养其动手能力、视听能力以及各项机能。这种训练与教授特定的学科同样重要。然而，我们也不应忘记，教授各门学科对孩子的职业发展同样重要。在后来的人生中，我们常听到人们说，他们已经忘记了在学校学过的拉丁语或法语，但或许，教授这些学科本身并无过错。根据以往的综合经验，我们发现，学习这些学科，是训练心灵的各种功能的绝佳机会。如今有些学校非常重视工艺和手工，通过这种方式，我们也可以丰富孩子的阅历，提高他的自信心。

如果一个孩子从小就知道自己将来想从事什么职业，他的发展会更加简单。如果我们问孩子们将来想做什么，大多数孩子都会给出答案。这些答复往往未经深思熟虑，当他们说想成为飞行员或火车司机时，他们并不知道自己为什么选择这个职业。我们的任务是认识到潜在的动机，观察其努力的方向，探究推动他们前进的动力，明确他们所处的位置，所追求的优越目标，以及实现目标的具体方式。他们给出的答案只向我们展示了一种看起来代表优越感的职业，但从这一职业中，我们同样能够发现其他有助于他们实现目标的机会。

一个12岁或14岁的孩子应该已经对他将要从事的职业有了较多的了解。若在这个年纪听说有的孩子尚不知自己将来想做什么，我总会感到惋惜。他们看似缺乏志向，但这并不意味着他们对任何事都毫无兴趣，只是没有勇气说出自己的志向。此时，我们必须悉心探寻他的核心兴趣所在与能力倾向。有些孩子在高中毕业后，对自己的未来职业仍举棋不定。他们往往天资聪颖，却对人生走向毫无头绪。这类孩子本质上极具抱负，却严重缺乏合作精神。他们尚未在劳动分工中找到定位，也未能及时找到实现抱负的具体路径。因此，及早询问孩子们将来想从事什么职业是有好处的；我经常在学校里提出这个问题，引导孩子们思考这一点，让他们无法忽视或回避这个问题。当我追问选择理由时，他们的回答往往透露出关键信息。从孩子的职业选择中，我们能窥见其完整的生活风格——这既展现了他奋斗的主要方向，也揭示了他最珍视的人生价值。我们必须尊重孩子的自主选择权，毕竟我们本也无权判定职业的高低贵贱。只要他脚踏实地工作，从事有益他人的职业，便与任何人同样具有社会价值。他唯一的使命是：持续精进专业技能，努力实现经济独立，并将个人兴趣融入社会分工的宏大图景之中。

有些人无论选择何种职业都难以获得满足——他们渴求的并非职业本身，而是一种轻易获得优越感的保障。这类人根本不愿面对人生课题，甚至认为生活本就不该给他们出难题。这再次印证了被宠溺儿童的典型特征：始终期待他人供养。事实上，绝大多数男女都对自己最初四五年培养出的兴趣方向念念不忘，却因经济压力或父母意志被迫改弦易辙，从事毫无兴趣的工作。这从另一个角度证明了早期培养的重要性。如果在孩子的早期记忆中看到对视觉事物的兴趣，我们就可以得出结论，他更适合从事需要使用眼睛的职业。在职业指导中，早期记忆应该被认为是非常重要的。一个孩子提到有人和他说话时的印象，提到风的声音或铃声。我们就知道他属于听觉类型，我们可以猜测他可能适合从事一些与音乐有关的职业。在其他回忆中，我们可以看到对动作的印象。这些个体需要更多活动，也许他们会对需要户外劳动或旅行的职业感兴趣。

最常见的奋斗目标之一是力求超越家庭中的其他成员，尤其是超越父母。这可能是一种很有价值的奋斗，我们很高兴看到孩子有所进步，超越了上一代人。在一定程度上，如果一个孩子希望在父亲从事的职业上超过父亲的成就，那么父亲的经验就可以为他提供一个很好的开端。通常，如果父亲是一名警察，孩子就可能有成为律师或法官的志向。如果父亲是医生的助手，孩子就想成为一名医生。如果父亲是老师，孩子就想成为大学教授。

通过观察孩子们，我们经常可以看到他们正在为将来的职业做准备。有时，例如一个孩子想成为老师，我们可以注意到他会将更小的孩子聚集在一起，与他们玩扮演上学的游戏。孩子们的游戏透露出他们的兴趣所在。一个期待将来成为母亲的女孩会玩布娃娃，训练自己对婴儿有更大的兴趣。我们应该鼓励这种训练自己扮演母亲角色的兴趣，不必担心给小女孩玩布娃娃会影响什么。有些人认为，如果我们给她们布娃娃，就会分散她们对现实的注意力。但实际上，她们正在训练自己的身份认同，以及履行母亲职责的能力。她们这么早就开始训练是很有价值的，因为如果等到太晚再开始训练，她们的兴趣就已经固化了。许多孩子对机械和技术表现出极大的兴趣；如果他们能够实现自己想要的目标，这也预示着他们在以后的人生中会获得一份有意义的职业。

还有一些孩子，他们永远不希望被置于领导地位。他们的主要兴趣是找到一个可以仰视的领导者，无论是另一个孩子还是成年人，他们可以对其俯首称臣。这种发展并不太理想，如果心理咨询师能减少这种服从的倾向，我会很高兴。如果我们无法阻止，这样的孩子将来无法担任领导职位，他们会自愿选择那些只需要完成例行公事、一切任务都被规定好的小职员工作。

没有做好准备就遇到疾病或死亡问题的孩子，将来总是对这些事实保持极大的兴趣。他们希望成为医生、护士或化学家。我认为，应该鼓励他们的这种努力，因为我总是发现，那些有这种兴趣并成为医生的孩子很早就开始接受训练，并且非常喜欢他们的职业。有时，死亡的经历也可以通过另一种方式得到补偿。孩子可能会怀有通过艺术或文学创作来超越死亡的抱负，或者变得虔诚地信奉宗教。

逃避某种职业、分心或懒惰的错误训练也在人生的早期就开始了。当我们看到这样的孩子在以后的人生中走向困境时，一定要用科学的方法找出他犯错的原因，并努力用科学的手段去纠正他。如果我们生活在一个无须工作就能提供我们所需一切的星球上，那么懒惰可能是一种美德，而勤奋可能是一种恶习。根据我们对自己与星球——地球的关系所能理解的，对于职业问题，合乎逻辑的答案，也是唯一符合常识的答案，就是我们应该工作、合作并做出贡献。这一直是人类的直觉所感受到的，现在，我们可以从科学的角度看到其必要性。

我可以从童年早期开始的训练看出天才的影子，我相信天才问题可以为整个主题带来启示。人类只称那些为人类共同利益做出巨大贡献的个体为天才。我们无法想象一个没有为人类留下任何好处的天才。艺术是所有个体中最具合作性的产物，人类的伟大天才们提升了我们整个文化的水平。荷马在诗歌中只提到了三种颜色，所有的区分都必须依赖这三种颜色。当时的人们无疑能够注意到更多差异，但没有必要命名它们，因为这些差异太细微了。是谁教会我们区分现在能够命名的所有颜色呢？我们必须说，这是艺术家和画家们的功劳。作曲家极大地提高了我们的听力。如果我们现在能以和谐的音调而非原始人类的粗犷音调说话，这都要归功于音乐家们，正是他们丰富了我们的思维，教会我们如何训练自己的功能。是谁增进了我们感觉的深度，教会我们更好地表达和理解？这些都是诗人们的功劳。正是他们丰富了我们的语言，使其更加灵活，并适应人生的各种目的。毫无疑问，天才是所有人类中最具合作精神的。也许在某些行为和态度方面，我们看不到他们的合作迹象，但从他们整个人生的画卷中，我们就能看到。他们的合作并不像其他人那么明显。他们走了一条艰难的道路，有很多障碍需要克服。他们通常从严重的器官缺陷开始。在几乎所有杰出的人身上，我们都能发现某种器官缺陷。我们由此得到印象，他们在人生的开端就遭遇了严峻考验，但仍然努力地克服了困难。我们可以特别注意到，他们是如何早早地就确立了自己的兴趣，并在童年时期如何艰苦地训练自己。他们磨砺自己的感官，以便接触并理解世界的问题。从这个早期的训练中我们可以得出结论，他们的艺术和他们的才能是他们自己的创造，而非自然或遗传赋予的不劳而获的礼物。他们付出了努力，而我们因此受益。

这种早期的奋斗是以后之成功的最好基础。假设我们有一个3岁的小女孩被独自留在家中。她开始为自己的娃娃缝制一顶帽子。当我们看到她在工作时，我们会告诉她这顶帽子有多漂亮，并建议如何让它变得更好。小女孩会因此受到鼓励和激励。她会加倍努力，提高技能。但假如我们说："把那根针放下！你会伤到自己的。你根本不需要做一顶帽子。我们出去给你买一顶更漂亮的。"她可能会放弃努力。如果将来我们比较这两个女孩，我们会发现第一个发展了自己的艺术品位，并对工作产生了兴趣；而第二个则不知该做些什么，她总认为买的比自己做的东西更好。

如果在家庭生活中过于强调金钱的价值，孩子们就会倾向于只从赚钱的角度来看待职业问题。这种认知偏差的危害性不容小觑——它从根本上扼杀了孩子服务社会的潜能。每个人都应该自食其力，这是真理；的确，我们发现有些人忽视了这一点，使自己成为别人的负担。但是，如果一个孩子只对赚钱感兴趣，他很容易偏离合作的轨道，只顾自己的利益。更甚者，当"赚钱"成为唯一目标而全无社会责任感时，抢劫诈骗等恶行都可能被合理化。即便情况稍好，仅具备微弱社会责任感者，或许能积累万贯家财，但其事业对同胞福祉毫无裨益。在这个价值纷繁的时代，靠此途径发家致富者确实存在，错误道路有时甚至能带来短暂"成功"。对此我们不必惊诧，也无法保证秉持正确人生观者必能即刻成功。但我们确信：这样的人必将永葆勇气，其尊严永不蒙尘。

有时，职业会被当作逃避社会和爱情问题的借口。在我们的社会生活中，常常有人选择过度投身于工作，将其作为摆脱爱情和婚姻问题的手段。有时，我们发现人们将其作为失败的借口。一个人疯狂地投入事业，心想："我没有多余的时间来顾及自己的婚姻，所以我对不幸的婚姻并不负有责任。"这种情况在神经质患者中尤为常见，他们试图逃避的正是社会和爱情这两个问题。他们不接近异性，或者采取错误的接近方式。他们没有朋友，也对他人不感兴趣。但他们日夜都专注于自己的事业。他们时刻想着它，睡觉时也会梦见它。他们让自己陷入紧张状态，神经症症状也随之显现；比如胃部不适或诸如此类的问题。他们现在感觉，胃部不适是自己逃避面对社会问题和爱情问题的借口。另一些人则频繁更换职业，总觉得自己能找到更合适的职业。最终，他根本没有真正从事任何工作，总是在一个又一个事物之间反复徘徊。

对于问题儿童，我们的首要任务是找出他们的主要兴趣是什么。通过这一点，我们更容易从整体上鼓励他们。对于那些无法确定职业的年轻人，或在职业上一直失败的老年人，我们应该找出他们真正的兴趣所在，并在正确的指导下利用这一点为他们提供职业指导，同时努力为他们找到工作。这并非易事。在我们这个时代，大量的失业人口确实令人担忧。这种现象在人们正努力加强合作的时代是不恰当的。因此，我相信每一个已经看到合作之重要性的人，都应该努力确保没有失业的个体，每一个想要工作的人都能找到工作。通过推进训练学校、技术学校和成人教育运动，我们在这方面可能会得到帮助。许多失业者都缺乏社交训练和合作技能。他们中的一些人，也许对社会生活缺乏兴趣。社会中存在未经训练的对人类共同福祉不感兴趣的成员，这对人类来说是一个沉重的负担。这些人确实觉得自己落后于时代，处于不利的地位。我们可以理解，为什么在罪犯、神经质患者和自杀者中会有大量未经训练和缺乏技能的人。由于缺乏训练，他们落后于人类的整体水平。所有父母、教师，以及所有关心人类未来发展和进步的人，都应该努力让所有孩子受到更好的训练，避免他们成年后在劳动分工中没有一席之地。

第十一章 人与同伴

　　人类最古老的追求就是与同伴团结在一起。正是对同伴的兴趣，推动了我们这个种族的全部进步。家庭是一个组织，在这个组织中，对他人的兴趣是必不可少的；追溯历史，我们会发现人类倾向于将自己在家庭中组织起来。原始部落通过共同的象征物团结在一起，象征物的目的就是将人们联合起来进行合作。最简单的原始宗教就是图腾崇拜。一个群体崇拜蜥蜴，另一个群体崇拜公牛或蛇。那些崇拜同一个图腾的人生活在一起，互相合作，群体中的每个成员都将其他成员视为兄弟。这些原始习俗是人类在固定和稳定合作方面迈出的最伟大的一步。在这些原始宗教的节日里，每个崇拜蜥蜴的人都会与同伴相聚，共同讨论收成问题，以及如何防御动物和自然力量的威胁。这就是节日的意义所在。

　　婚姻被视为涉及整个群体利益的事务。根据社会限制，每个崇拜同一个图腾的兄弟都必须在他的群体之外找到他的伴侣。我们现在仍应意识到，爱情和婚姻并非私事，而是整个人类在心灵和精神上都应该参与的共同任务。结婚承载着一定的责任，因为它是整个社会期望的任务，整个社会都希望能诞生健康的孩子，并在合作的精神中抚养他们。因此，全人类都应该乐于在每一场婚姻中进行合作。原始社会的手段、他们的图腾和控制婚姻的复杂体系，现在看起来可能显得荒谬。但在当时，它们的重要性几乎无法估量。而它们的真正目的，便是增进人类的合作。

宗教赋予人类的最重要任务一直是"爱你的邻舍"。在这里，我们再次以另一种形式看到了同样的追求，即增进对同伴的兴趣。有趣的是，现在从科学的角度来看，我们也可以证实这种追求的价值。被宠溺的孩子会问我们："为什么我要爱邻居？邻居爱我吗？"这揭示了他缺乏合作训练，只对自己感兴趣。正是那些对同伴缺乏兴趣的个体，在人生中会遇到最大的困难，也会给他人带来最大的伤害。所有人类的失败都源于这样的个体。有许多宗教和教派正在以自己的方式努力增进合作；而我个人则赞同每一种把合作作为最终目标的人类努力。我们没有必要争斗、批评和贬低。我们并未拥有绝对的真理，通往合作这个最终目标的道路有很多条。

在政治领域，我们知道最好的手段也可能被滥用。但如果一个人不致力于构建合作，他就无法在政治上取得任何成就。每个政治家的最终目标都必须是提升人类福祉，而人类福祉的提升意味着更高程度的合作。我们时常难以准确判断哪位政治家或哪个政党能够真正引领我们走向进步。每个个体都是根据自己的生活方式来判断。但如果一个政党在自己的圈子里训练出了好同伴，我们就没有理由反对他们的活动。对于民族运动也是如此。如果从事这种运动的人的目标是将孩子们训练成真正的好同伴，并增进社会情感，他们就可以遵循自身传统，尊崇本民族的文化，并试图按照他们认为最好的方式影响和改变法律，我们不应反对他们的努力。阶级运动也是一种群体运动和合作，如果它的目标是提升人类福祉，我们就应该避免偏见。因此，评判所有运动的标准，仅在于其能否增进我们对同伴的兴趣，而我们会发现，增进合作的方式有很多种。或许有优劣之分，但既然合作的目标已然明确，那么因某种方法并非最佳就对其加以抨击，是毫无益处的。

我们必须反对的是那种人们只在乎自己所得到的，只追求个人利益的人生观。这是个体和社会共同进步最大的障碍。只有通过我们对同路人的兴趣，我们的人类潜能才能得以发展。说话、阅读和写作，皆以与他人之间的桥梁为前提。语言本身就是人类的共同创造，是社会兴趣的产物。理解是一种共同的事物，而非私人功能。理解即以我们期望每个人都能理解的方式去理解。这是将我们自己与他人联结在一个共同意义上，受到全人类共同意识的约束。

有些人主要追求自己的各种兴趣和个人的优越。他们赋予人生一种私人的意义；人生应该为他们而存在。然而，这并不是一种正确的意义：这是全世界其他人都无法认同的观点。因此，我们发现，这些人无法与他们的同伴建立联系。通常，当我们看到一个对自己感兴趣的孩子时，我们会发现他脸上挂着一副吊儿郎当或茫然的表情；我们可以在罪犯或精神病患者的脸上看到相似的神情。他们没有用眼睛与他人交流。他们的观察方式截然不同。有时，这样的孩子和成年人甚至不会看他们的同伴一眼，他们将目光转向别处。这种联结失败的情形，在许多神经质症状中亦有体现，例如，强迫性脸红、口吃、阳痿或早泄。这些都揭示了一种与其他人合作的无力感，源于对他人缺乏兴趣。

疯狂代表了与同伴隔阂的最高程度。即便是疯狂，只要能唤起对他人的兴趣，也是可以治愈的。只不过，它代表着除自杀之外，与同类之间最为遥远的距离。治愈这种病例是一门艺术，而且是一门非常困难的艺术。我们必须赢回病人对合作的兴趣。我们只能通过最耐心、最慈祥和最友好的方式才能做到这一点。有一次，我被叫去尽我所能地帮助一个患有精神分裂症的女孩。她在这种状况中受苦已经8年了，过去两年一直在精神病院。她像狗一样吠叫，吐口水，撕扯自己的衣服，还试图吃自己的手帕。我们可以看到，她已经完全丧失了对人类的兴趣。她想扮演一只狗的角色，我们可以理解这一点。她觉得母亲对待她就像对待一只狗，也许她在说："我越了解人类，就越希望自己是一只狗。"我连续8天对她说话，她一个字也没回答。我继续对她说话，30天后她开始用一种混乱的、无法理解的方式开口。我成了她的朋友，她因此受到了鼓舞。

如果这种类型的病人受到鼓舞，就会面对"如何使用与人交往的勇气"这类问题。他对同类的抵制非常强烈。我们可以预测，当他们的勇气恢复到一定程度但仍不愿合作时，他们会尝试何种行为。他们就像问题儿童一样：会试图捣乱，他们会打碎他们能碰到的任何东西，或者会殴打看护人员。当我再次与这个女孩交谈时，她打了我。我不得不思考下一步该如何应对。唯一能让她感到意外的回应就是不作任何反抗。你可以想象这个女孩——她并非一个体力很强的女孩。我任由她打我，脸上却露出友善的神情。这是她没有料到的，我的友善消除了她的一切挑衅。她仍然不知道该如何应对重新唤醒的勇气。她打碎了我的窗户，玻璃划伤了她的手。我没有责备她，而是为她包扎了伤口。通常对付这种暴力行为的做法是将她束缚起来、锁在房间里，但这是错误的做法。如果我们想要赢得这个女孩，我们就必须采取不同的行动方式。期望一个疯子像正常人一样行事是最大的错误。几乎每个人都会因为疯子没有像普通人那样做出反应而感到恼火和愤怒。他们不吃东西，撕扯衣服等。让他们去做吧，这是帮助他们的唯一方法。

在此之后，这个女孩康复了。一年过去了，她一直保持完全健康的状态。有一天，当我不得不去探望曾经关押她的疯人院时，我在路上遇到了她。"你在做什么？"她问我。"跟我来，"我回答说，"我正前往你曾经住过两年的那家疯人院。"我们一起去了那家疯人院，我要求那里曾经治疗过她的医生与她交谈，而我去看另一个病人。当我回来时，那位医生相当恼火。"她完全康复了，"他说，"但她有一点让我不高兴，她不喜欢我。"这几年来，我时不时看望这个女孩，她一直保持良好的健康状况。她自食其力，与人和睦相处，任何见过她的人都不会相信她曾患过精神病。

有两种状况特别清楚地揭示了人与人之间的隔阂，那就是妄想狂和抑郁症。在妄想狂中，病人指责全人类，他认为他的同类组织了一个针对他的阴谋。在抑郁症中，病人会自责，他会说："我毁了整个家庭"，或者"我失去了所有钱财，我的孩子们将挨饿。"然而，如果一个人自责，这只是他展现给外界的一面，他实际上是在指责他人。例如，一位颇具声望和影响力的女性出了一次事故，无法继续参加各种社会活动。她有三个已婚的女儿，她感到非常孤单。大约在同一时间，她失去了丈夫。之前她一直被宠溺，她试图弥补失去的东西。她开始到欧洲各地旅行。然而，她不再觉得自己像从前那样重要了，当她在欧洲旅行时，患上了抑郁症。她的朋友们离开了她。抑郁症是一种给周围环境带来巨大考验的疾病。她发电报让女儿们过来，但每个女儿都有借口，没有一个女儿来看她。之前在家中时，她最常说的话是："我的女儿们真是太好了。"患病后，她的女儿们将她孤零零地留在那里，让一个护士照顾她，即使她回来了，她们也只是偶尔探望她一次。我们不能按字面意思理解她的话。它们是一种指责，任何了解这种境遇的人都会知道，这是一种指责。抑郁症就像是一种长期延续的对他人的愤怒和责备，尽管为了获得照顾、同情和支持，病人只是表现得对自己的过错感到沮丧。一个抑郁症患者的早期记忆通常是这样的："我记得自己想躺在沙发上，但我哥哥正躺在那里。我大声地哭，他不得不离开。"

抑郁症患者经常倾向于通过自杀来报复，医生的首要任务就是避免给他们提供自杀的借口。我自己缓解整个紧张局势的方式是提出治疗的第一条规则："永远不要做任何你不喜欢的事"。这看起来非常谦逊，但我认为它触及了整个问题的根源。一方面，如果一个抑郁症患者能做任何他想做的事，他能指责谁呢？他还有什么可报复的呢？我告诉他："如果你想去剧院，或者度假，就去吧。如果你在路上发现自己不想去了，就停下来。"这是任何人能想到的最佳人生状态。它满足了他追求优越感的渴望。他就像上帝一样，可以为所欲为。而另一方面，这并不太符合他的一贯作风。他想控制和指责别人，如果别人同意他的意见，他就无法控制他们了。这条规则带来了极大的宽慰，我的病人中从未有人自杀过。当然，我们也明白，最好还是有人监视这样的病人，而且有些病人没有受到像我希望的那样密切的监视。只要有人监视他们，他们就不会有自杀的危险。

通常病人会回答："但是没有什么是我喜欢做的。"我已经为这个回答做好了准备，因为我听到它太多次了。我说："那就别做你不喜欢的事。"不过，有时他会回答："我想整天躺在床上。"我知道，如果我允许，他就不会再想这么做了。我也知道，如果我阻止他，他就会开始与我抗争。我总是表示同意。

第二条规则更直接地攻击了他们的生活方式。我告诉他们："如果你遵循这个处方，14天内便能治愈。试着每天思考如何取悦别人。"看看这对他们意味着什么。他们满脑子想的都是："我如何才能让别人烦恼。"他们的回答非常有趣。有些人说："这对我来说轻而易举。我一辈子都在这么做。"但事实上，他们从未这样做过。我让他们仔细考虑，他们却没有。我告诉他们："当你无法入睡时，可以利用这段时间思考如何取悦别人，这将是你朝着康复前进的一大步。"第二天见到他们时，我问："你们考虑过我的建议了吗？"他们回答："昨晚一上床我就睡着了。"当然，所有这些都必须以谦逊、友好的方式进行，不能流露出丝毫优越感。

其他人回答："我永远做不到。我太过忧虑了。"我告诉他们："不要停止忧虑，但与此同时你也可以不时地想想别人。"我想要时刻将他们的兴趣引向同伴。许多人会说："为什么我要取悦别人？

别人也不曾取悦我。"我回答说:"你必须为你的健康着想,其他人以后会遭殃的。"我很少遇到有人会说:"我已经考虑过你的建议了。"我所有的努力都致力于增加病人的社交兴趣。我知道,他患病的真正原因是缺乏合作,我希望他也能意识到这一点。一旦他能够以平等和合作的立场与同伴建立联系,他就会康复。

缺乏社会兴趣的另一个明显例子就是所谓的"过失犯罪"。一个人扔下一根点燃的火柴,引发了森林火灾。或者,就像最近发生的一起案件,一名工人下班回家时,将一根电缆横放在路上,一辆汽车撞上了电缆,车上的乘客因此丧生。在这两种情况下,当事人都并非有意为之。从道德层面上讲,他们似乎不应为这场灾难负责。但他们没有接受过为他人着想的训练,也不会自发地采取预防措施来确保他人的安全。同样,缺乏合作精神的更高程度体现在邋遢的孩子身上,以及那些踩到别人脚、打碎碗碟或者将装饰品从壁炉架上打落的人身上。

对同伴的兴趣是在家庭和学校中培养的。我们已经看到,一个孩子的发展可能会受到何种阻碍。社会情感也许不是一种与生俱来的本能,但社会情感的潜能是遗传而来的。这种潜能的发展取决于母亲的社交技巧和她对孩子的关注程度,也取决于孩子自己对所处环境的判断。如果他觉得别人对他充满敌意,如果他觉得自己四面楚歌、孤立无援,我们就不能指望他去结交朋友。如果他觉得其他人应该是他的奴隶,他就会希望去统治别人,而不是去帮助别人。如果他只关注自己的感觉以及身体上的刺激和不适,他就会与社会隔绝。

我们已经看到,最好让孩子觉得自己是家庭中的平等一员,并对其他所有家庭成员都感兴趣。父母之间应该成为好朋友，并应该在外部世界中建立良好而亲密的友谊。通过这种方式，他们的孩子就会感受到，家庭之外也存在着值得信赖的人。我们还看到，在学校，孩子应该觉得自己是班级的一部分，是其他孩子的朋友，并能依赖他们的友谊。家庭生活和学校生活都是为更大的整体作准备。它们的目标是教育孩子成为一个好同伴，成为全人类的平等一员。只有在这样的条件下，他才能保持勇气，毫不紧张地应对人生中的问题，并找到可以增进他人福祉的解决方案。

如果他能成为所有人的好朋友，通过有益的工作和幸福的婚姻为他人做出贡献，他就永远不会觉得自己比别人差劲或被别人击败。他会觉得自己在这个友好的宇宙中有一个家，遇到自己喜欢的人，并能应付所有困难。他会觉得："这个世界就是我的世界。我必须行动和组织，而非等待和期望。"他会完全确信，现在只是人类历史中的一个时间点，而他属于整个人类进程——过去、现在和未来。但他也会觉得，这正是他可以完成创造性的任务、为人类发展做出自己贡献的时候。的确，这个世界存在邪恶、困难、偏见和灾难。但这是我们自己的世界，它的优缺点也是我们自己的。这是我们工作和改善的世界，我们希望如果有人以正确的方式完成他的任务，他就能为改善这个世界尽一份力。

承担任务意味着以合作的方式负责解决人生中的三大问题。我们对一个人的全部要求，以及我们能给予的最高赞誉，就是他应该成为一个好的同伴，是所有人的朋友，以及爱情和婚姻中真正的伴侣。如果用一句话来概括，我们可以说，他应该证明自己是一个好同伴。

第十二章　爱情与婚姻

在德国某个地区，有一种古老的习俗，用来测试订婚的一对情侣是否适合共同生活。在婚礼前夕，新人会被带到一片林间空地，那里摆放着一截被砍倒的树干。人们会给这对新人一把双人锯，让他们合力将树干锯断。这个测试能揭示出双方愿意为彼此付出多少配合。这是一个需要两个人合作完成的任务。如果他们之间缺乏信任，他们就会相互拉扯，什么也无法完成。如果其中一人想主导一切，那么即使另一方让步，耗时也会翻倍。双方都必须主动付出，但他们的主动性必须互相结合。这些德国村民已经认识到，相互配合是婚姻的重要基石。

若要我为爱情与婚姻下定义，尽管可能不够全面，我会如此阐述：

"爱情及其圆满形式——婚姻，是向异性伴侣献上的最亲密承诺，体现在身体吸引、伴侣情谊和生育后代的共同决定中。显而易见，爱情与婚姻本质上是协作关系——不仅是为两人福祉的合作，更是为人类福祉的合作。"

这个观点，即爱情和婚姻是为人类福祉的合作，可以为这个问题的各个方面带来启示。即使是最重要的人类追求之一的肉体吸引力，对人类来说也是一种非常必要的发展。正如我经常解释的那样，人类生来就有器官缺陷，并不是很适合生活在这个贫瘠的地球表面。延续人类生命的主要方法是繁衍生息，因此我们需要保持生育能力和身体吸引力的持续努力。

在我们这个时代，我们发现在爱情问题上出现了困难和分歧。已婚夫妇都面临着这些困难，父母也同样关注这些问题，整个社会都卷入其中。因此，如果我们试图得出正确的结论，我们的态度就必须完全不带偏见。我们必须忘记自己已经学到的东西，尽可能摆脱其他考虑因素的干扰，进行调查和自由讨论。

我并非主张将爱情与婚姻问题视为完全孤立的问题来评判。人类永远无法获得这种绝对自由：人永远不可能仅凭个人观念来解决这些问题。每个人都受特定纽带约束：其成长发展始终处于特定框架之内，而所有决定都必须顺应这个框架。这些根本约束源于三大现实：其一，我们栖居于宇宙特定一隅，必须在环境设定的限制与可能中谋求发展；其二，我们与同类共生共存，必须学会自我调适以融入群体；其三，我们以两性形态存在，而人类种族的未来正取决于这两性之间的关系。

不难理解，当一个人真正关心同胞并关注人类福祉时，他的一切行为都会以他人利益为导向。在解决爱情与婚姻问题时，他会自然而然地考虑到这关乎他人的幸福。这种思维方式甚至无需刻意为之——即便追问缘由，他或许也无法用科学理论阐明自己的动机。但对人类进步的真挚关切，早已融入他所有行动之中。

然而另一些人则不然。他们的人生信条并非"我能为群体作何贡献"或"如何融入整体"，而是执着于追问："活着有什么用？我能从中得到什么？这划算吗？别人够重视我吗？我的价值被认可了吗？"抱持这种人生态度者，在处理爱情与婚姻问题时也如出一辙。他们永远在计较："这段关系能带给我什么好处？"

爱情并非如某些心理学家所言，仅是纯粹的自然行为。性是一种本能或冲动，但爱情和婚姻问题并不仅仅是如何满足这种本能。我们观察到，自己的本能和欲望都是经过发展、培养和精进的。我们压抑了部分欲望和倾向。为了同伴着想，我们学会了如何不去打扰他人；我们学会了如何穿衣打扮、如何保持整洁。就连饥饿感也并非仅有自然宣泄的途径，我们在进食的过程中培养了品位和礼仪。我们的本能都已经适应了自己的共同文化，它们都反映了我们为人类福祉和集体生活所做的努力。

若将这一认知运用于爱情与婚姻问题，我们会发现：整体利益——人类共同福祉——始终是核心所在。这是最根本的前提。在尚未认识到这个问题必须置于整体关联中、必须从人类整体福祉出发才能解决之前，任何关于爱情婚姻的局部讨论、改良建议、制度变革都是徒劳的。或许我们能找到更完善的解决方案，但这些方案之所以更优，正是因其更充分地考虑到我们作为两性存在、必须在地球上相依共生这一根本事实。只要我们的解答立足于这些基本条件，其中的真知灼见就能历久弥新。

运用这一视角，我们在爱情问题上的首要发现是：这是两个人的共同课题。对多数人而言，这必然是一项全新挑战。我们接受的教育，某种程度上培养了个体独处的能力，某种程度上也训练了群体协作的技巧——却鲜少提供两人协作的经验。这种全新的相处模式自然带来挑战，但若双方本就心怀对他人福祉的关切，那么培养彼此间的默契就会容易得多。

我们甚至可以说，要让两个人的合作臻于圆满，双方都必须将对方的幸福置于自身的幸福之上。这才是爱情与婚姻成功的唯一基石。由此我们便能看清，当前许多婚姻观念与改革建议的谬误所在。真正的亲密奉献必须以平等为前提——唯有双方都秉持这样的态度，才能避免一方感到压抑或被忽视。当两个人都致力于让对方的生活更轻松、更丰盈时，彼此都能获得安全感：每个人都感受到自己的价值，都确信自己是被需要的。这正是婚姻的根本保障，也是幸福关系的核心意义所在——那种"我不可替代"的笃定，那种"伴侣需要我"的确认，那种"我正在成就美好"的信念，以及彼此作为人生伴侣与挚友的深刻认知。

在真正的合作关系里，任何一方都无法长期屈从于附属地位。倘若一方总想支配命令，另一方被迫唯命是从，这样的共同生活注定难以结出硕果。可悲的是，当今社会仍有众多男女深信丈夫就该专横独断、扮演主宰角色——这正是无数婚姻悲剧的根源。没有人能在长期压抑的卑微处境中保持心平气和，屈从终将催生愤懑与憎恶。伴侣必须站在完全平等的地位上，唯其如此，他们才能妥善化解各种矛盾。比如在生育问题上，平等的伴侣会达成共识：选择不育即意味着放弃对人类未来的承诺；在教育理念上，他们也会积极协商。因为他们深知，不幸婚姻孕育的子女注定承受苦果，难以健康成长。这种共识将激励他们共同面对生活中的每个难题。

在当代文明中，人们往往对合作之道准备不足。我们的教育过分强调个人成就，过分关注能从生活中获取什么，而非能够贡献什么。不难理解，当两个人以婚姻所要求的亲密方式共同生活时，任何合作能力的缺失、对伴侣兴趣的匮乏，都将导致极其严重的后果。多数人都是初次体验这种亲密关系。他们不习惯考虑另一个人的利益与目标、渴望与希冀、抱负与理想。对于共同生活带来的种种课题，他们尚未做好准备。因此，我们周遭充斥着各种婚姻失误也就不足为奇——但我们可以通过审视现实，学会在未来避免重蹈覆辙。

没有事先准备，成年后就无法应对任何危机，我们总是会按照自己的生活方式做出反应。婚姻的准备不是一蹴而就的。在一个孩子的典型行为、态度、思想和行动中，我们可以看到他是如何为成年后的情况做准备的。在他人生的第5年或第6年，他对爱情的主要态度就已经基本形成了。

在儿童成长的早期阶段，我们就能观察到他们正在形成对爱情与婚姻的认知雏形。我们不应以成人的性意识来揣度这些表现——孩子们其实是在构建对社会生活的理解图景，而爱情婚姻作为环境要素，已然融入他们对未来的想象之中。他们必须对这些概念形成初步认知，并建立自己的态度立场。当孩童表现出对异性的早期兴趣，甚至自主选择心仪的"小伴侣"时，我们切不可将此视为错误、麻烦或性早熟的表现，更不该加以嘲弄或戏谑。相反，这应被视作他们为爱情婚姻做准备的重要里程碑。我们应当郑重地告诉孩子：爱情是神圣的人生课题，是需要认真准备的使命，更是关乎人类延续的伟大事业。借此在孩子心中播撒理想的种子，使其成年后能以充分准备的姿态，与伴侣建立深厚的亲密关系。值得注意的是，即便目睹父母婚姻的不和谐，孩子们仍会本能地拥护一夫一妻制，这种纯粹而坚定的信念令人深思。

我从不建议家长过早地向孩子解释性行为的具体细节，或强行灌输超出其理解意愿的知识。须知，孩子对婚姻问题的认知方式至关重要——错误的教育可能使其将之视为洪水猛兽，或完全超出认知范畴的禁忌。根据我的临床观察，那些在四五六岁就过早接触成人关系知识，或有过早熟性经验的孩子，日后往往对爱情怀有更深的恐惧。对他们而言，身体吸引总与危险如影随形。反之，若在更成熟的年龄获得初次解释和体验，孩子便不易产生恐惧，误解健康两性关系的可能性也大幅降低。关键在于：永远不要欺骗孩子，不要回避提问，要理解问题背后的真实困惑，只解释他们想知道且确信他们能理解的内容。过分热心的"知识灌输"反而会造成巨大伤害。如同其他人生课题一样，最好让孩子保持独立思考，通过自身探索获取所需知识。只要亲子间存在信任，孩子就不会受到伤害——他们自会提出真正需要解答的疑问。有种普遍误解认为孩子会被同伴的解释误导。但我从未见过心理健全的孩子因此受害。孩子们并非全盘接受同学的说法，相反，他们大多具有批判性：当不确定听到的内容是否真实时，自然会向父母或兄弟姐妹求证。必须承认，在这些问题上，我常常发现孩子们比成年人更懂得把握分寸和保持得体。

　　成年人对于异性吸引的感知模式，其实早在童年时期就已开始塑造。孩童从周遭异性成员——母亲、姐妹或玩伴身上获得的共情体验与吸引力印象，正是身体吸引力的最初雏形。当男孩根据母亲、姐妹或周围女孩对异性形成总体印象时，日后择偶时便会不自觉地偏好与早期环境中这些异性相似的类型。有时艺术创作也会产生影响：每个人都会被某种理想化的美感所吸引。因此严格来说，成年后的择偶选择并非完全自由，而是深受早年经历制约的定向选择。这种对美的追寻绝非无意义的行为。我们的审美情感始终根植于对健康与人类进步的向往——所有身体机能与能力都朝着这个方向进化。那些被我们视为美的事物，往往象征着永恒、昭示着对人类福祉与未来的祝福，体现着我们期望子孙后代发展的方向。正是这种美，永恒地牵引着我们的心灵。

　　当男孩与母亲（或女孩与父亲）关系紧张时——这在婚姻合作不稳固的家庭中尤为常见——他们往往会寻求截然相反的类型。例如，若男孩长期遭受母亲唠叨压制，性格怯懦又惧怕被支配，就可能只对看似温顺的女性产生情欲。这种心理极易导致误判：他可能刻意寻找能轻易掌控的伴侣，而缺乏平等的婚姻注定难以幸福。有时为了证明自己的力量，他反而会选择看似强势的伴侣——或许因为崇尚力量，或许将其视为证明自我的挑战。当母子矛盾极端激化时，其对爱情婚姻的心理准备就会严重受阻，甚至对异性的生理吸引力也可能完全阻断。这种障碍存在不同等级，最严重者会彻底排斥异性，导致性取向变异。

如果父母婚姻和谐，我们就会更好地为婚姻做准备。孩子对婚姻最早的认识来自父母的人生，因此，来自离异和不幸福家庭中的孩子，在生活中遭遇失败的比例最高也就不足为奇了。如果父母自己无法合作，他们就无法教导孩子合作。我们经常可以通过了解一个人是否在正确的家庭生活中受过训练，并观察他对父母、姐妹和兄弟的态度，来考虑他是否适合婚姻。重要的因素是他在哪里为爱情和婚姻做好了准备。然而，在这一点上我们必须小心。我们知道，一个人不是由他的环境决定的，而是由他对环境的评估决定的。他的评估可能是有益的。尽管他在父母家中经历了非常不幸的家庭生活，但这也许只会刺激他在自己的家庭生活中做得更好。他可能正在努力为婚姻做好准备。我们永远不应该因为一个人背后有不幸的家庭生活就对他评头论足或排斥他。

最糟糕的准备就是一个人总是寻求自己的兴趣。如果他一直以这种方式被训练，他会一直在想他能从人生中获得什么快乐或刺激。他总是要求自由和解脱，从不考虑如何让自己伴侣的人生更轻松、更丰富。这是一种灾难性的做法。我会将他比作一个试图从马尾部给马套上马笼头的人。这并非一个罪过，但确实是一个错误的方法。因此，在培养我们对待爱情的态度时，我们不应该总是寻找减轻负担和逃避责任的途径。如果存在犹豫和怀疑，爱情中的伙伴关系就不可能稳固。合作需要一个永恒的决心，我们只将那些做出了坚定且不可改变的决定的结合视为真正的爱情和真正的婚姻。在这个决定中，我们包括了生育子女、教育和训练他们合作的决定，并尽我们所能让他们成为真正的好同伴、人类种族中平等和负责任的成员。良好的婚姻是我们训练人类后代的最佳方式，婚姻应该始终以此为目标。婚姻实际上是一项任务，它有自己的规则和法则。我们不能选择其中一部分而逃避其他部分，否则就会违反这个地球上的永恒法则——合作。

若将婚姻期限定为五年，或视婚姻为试验阶段，便不可能拥有真正亲密无间的爱情。当男女心存此类退路时，他们便不会倾尽全力经营婚姻。在人生所有严肃而重要的课题中，我们都不该预设这样的"逃生通道"。爱，从不应设限。那些试图为婚姻寻找"减压方案"的好心人，实则走上了歧路。他们提出的种种"变通之法"，只会损害新婚夫妇的付出意愿，为逃避本应承担的责任大开方便之门。我深知社会现实存在诸多阻碍，使许多人即便心怀诚意，也难以正确解决爱情与婚姻的课题。但我要改革的绝非婚姻制度本身，而是这些不合理的社会障碍。我们深知爱情伴侣必备的品质：忠贞不渝、真诚可信、毫无保留、不求私利……若有人将不忠视为家常便饭，显然尚未做好婚姻准备。即便双方约定保留自由空间，这种关系也绝非真正的伴侣之情——因为伴侣关系的本质恰恰在于：我们并非在所有方面都保持自由，而是通过相互约束达成更深层的协作。

让我举一个这种私下达成的、不利于婚姻成功或人类福祉的协议如何伤害双方的例子。

我曾接触过这样一个案例：一对离异男女重组家庭。两人都受过良好教育，聪慧过人，满心期待这段新婚姻能超越前次。然而他们并未真正反思前段婚姻失败的根源——虽在寻求幸福之道，却始终未能觉察自身社会情感的匮乏。他们自诩为思想开明者，渴望建立一段永不厌倦的轻松婚姻。为此，他们订立契约：双方在各方面保持绝对自由，可随心所欲行事，只需坦诚相告即可。起初，丈夫似乎更勇于实践，每次回家都向妻子津津乐道自己的风流韵事。妻子表面乐在其中，甚至为丈夫的"魅力"感到自豪。但当她自己试图发展婚外关系时，却在迈出第一步前突发广场恐惧症——她再无法独自出门，病症将她禁锢在房间里，只要踏出房门就惊恐万状地退回。这种症状实则是对她所承诺"自由"的心理防御，但深层意义不止于此。最终，因妻子无法独处，丈夫不得不终日相伴。可见婚姻的内在逻辑终究击碎了他们的天真构想：丈夫无法再践行"思想自由"，因他必须守护妻子；妻子也无法享用"行动自由"，因她已丧失独处能力。若要治愈这位女士，就必须引导她重新理解婚姻的本质；而那位丈夫，同样需要认识到婚姻本应是一项需要双方协作的人生课题。

婚姻的裂痕往往在最初阶段就已埋下。那些在原生家庭被过度宠溺的孩子，婚后常会陷入被忽视的焦虑——他们从未学会适应社会化的相处模式。这类被宠坏的人可能在婚姻中蜕变成暴君，而伴侣则会感到自己沦为囚徒，困在牢笼中开始反抗。当两个被宠坏的人结为夫妻时，场景尤为耐人寻味：双方都不断索求关注与宠爱，却永远无法得到满足。于是逃避成为必然选择——一方开始与他人暧昧，企图获取更多重视。有些人天生无法专情于一人，必须同时周旋于两段感情之间。他们在这种"双重关系"中获取虚幻的自由感，借由在两人之间游走来逃避爱的全部责任。然而这种贪婪的索取，终将导致两头落空的结局。

某些人会刻意构建一种浪漫化、理想化甚至虚幻的爱情图景，借此沉溺于情感幻想，从而回避现实中亲密关系的建立。这种对完美爱情的执念往往会扼杀一切现实可能性，因为现实中根本不存在完全符合其苛刻标准的人选。值得注意的是，在成长过程中，不少男性与女性由于错误的教育引导，逐渐形成了对自身性别角色的排斥与厌恶。这种心理障碍会抑制其自然功能的发挥，若不加以疏导，将导致他们在婚姻关系中难以实现生理层面的和谐——这正是我所定义的"男性抗议"现象，其根源很大程度上源于当下文化中对男性特质的过度推崇。当儿童对自身性别认同产生困惑时，极易陷入焦虑状态。在一个将男性角色默认为主导地位的文化语境中，无论男孩女孩，都会不自觉地将其视为更优越的存在。这种认知会导致他们过度质疑自身履行该角色的能力，过分强调男子气概的价值，甚至产生逃避心理。在我们的社会文化中，这种对性别角色的不满情绪相当普遍。几乎所有女性性冷淡和男性心因性勃起功能障碍的案例背后，都能窥见这种心理机制的影子——表现为对爱情与婚姻本能的抗拒，且这种抗拒往往植根于深层心理。必须认识到，唯有真正实现两性平等，才能从根本上解决这些问题。只要社会仍有一半人口因其性别身份而遭受不公，婚姻关系的健康发展就将面临巨大障碍。解决之道在于从小培养平等的性别意识，我们绝不能允许下一代对自己未来的社会角色产生认知偏差。

　　我认为，婚前保持克制、避免性行为，能够为婚姻中的亲密与忠诚奠定更坚实的基础。事实上，许多男性在内心深处并不希望自己的伴侣在婚前轻易献出贞操，甚至可能因此质疑对方的品行，进而产生失望或抵触情绪。此外，在当下的社会文化中，婚前性关系往往会给女性带来更大的压力和负担。同样，如果婚姻的缔结是出于恐惧而非勇气，那也将是一个严重的错误。勇气是合作的关键前提，而若男女双方因恐惧而结合，便意味着他们并未真正准备好共同面对生活。这种心态也会体现在其他选择上——例如，有人可能会刻意选择酗酒成性、社会地位或教育水平远低于自己的伴侣，以此逃避真正的亲密关系。他们害怕爱情与婚姻的平等性，因而试图构建一种能让对方仰慕、依赖自己的关系模式。

培养社会兴趣的一种方式是建立友谊。在友谊中，我们学会用另一个人的眼光看，用他的耳朵倾听，用他的心去感受。如果一个孩子受到挫折，如果他总是被监视和守护，如果他孤立地长大，没有同伴和朋友，他就无法发展出与他人产生共鸣的能力。他总是认为自己是世界上最重要的人，总是急于保障自己的利益。在友谊中训练自己是为婚姻做准备。游戏可能是有用的，只要它们被视为合作的训练。但在孩子们的游戏中，我们往往发现的是竞争和追求卓越的欲望。从小让孩子和同伴一起工作、学习，是非常有用的。另外，我们也不应该低估跳舞的价值。跳舞是一种必须由两个人共同完成的活动，让孩子们接受跳舞训练是一件好事。我并不是指今天那种像是表演而非需要共同协作完成的舞蹈。不过，如果教他们一些简单易学的儿童舞蹈，那将对他们的成长大有裨益。

另一个也有助于向我们展示婚姻准备的问题是职业问题。如今，这个问题被置于爱情和婚姻问题之前。伴侣中的一方或双方都必须有职业，这样他们才能谋生和养家糊口，我们可以理解，正确的婚姻准备也包括正确的工作准备。

在与异性互动时，个体的勇气指数与合作能力往往展露无遗。每个人的求爱方式都独具特色——无论是节奏把握还是气质流露，无不与其一贯的生活方式高度吻合。通过观察求爱时的行为特质，我们能够清晰辨识：这个人是否怀着对人类未来的积极信念，以自信的姿态展现合作精神；抑或是沉溺于自我中心的世界，被"表演焦虑"所困，不断纠结"我的表现如何？他人会怎么评价我？"求爱方式可能呈现为两种极端：或是优柔寡断、步步为营，或是急躁冒进、不计后果。但无论如何表现，这些行为模式都是其人生目标与生活态度的自然延伸，只是整体性格的一个缩影。需要强调的是，单凭求爱过程的表现并不足以判定一个人的婚姻适配度，因为这个特殊阶段往往带有明确的目的性，可能掩盖其在其他方面的犹豫不决。尽管如此，这段互动期仍为我们提供了窥探其性格本质的重要窗口。

在我们当前的文化背景下（仅限于这些背景），人们通常期望男性率先表达爱意，主动迈出第一步。因此，只要这种文化要求存在，我们就有必要训练男孩的男子气概——主动出击，毫不犹豫，也不寻找逃避的出路。然而，他们只有在感觉到自己是整个社会生活的一部分，接受其利弊作为自己的利弊时，才有可能实现。当然，女孩和女性也会主动追求，她们也会主动。但在我们当前的文化背景下，她们觉得有必要保持矜持，她们的求爱体现在举止步态和穿着打扮上，体现在她们的着装、目光、言语和倾听方式上。因此，我们可以说一个男人的追求更简单、更肤浅，而一个女人的追求更深沉、更复杂。

现在我们可以更进一步。对另一个伴侣的性吸引力是必需的，但它应该始终沿着渴望人类福祉的方向发展。只要伴侣真的对彼此感兴趣，那么性吸引力就永远不会消失。这种终止总是意味着缺乏兴趣，它告诉我们，这个人不再将伴侣视为平等的、友好的和合作的，不再希望去丰富伴侣的人生。人们有时可能会认为，兴趣依然存在，只是吸引力消失了。这绝不正确。有时嘴巴会撒谎，或者大脑会无法理解，但身体的功能总是会说出真相。如果功能缺失，那就意味着这两个人之间没有真正的默契。他们已经失去了对彼此的兴趣。至少有一方不再希望解决爱情和婚姻的问题，而是逃避和寻找出路。

另一方面，人类的性冲动与其他生物的性冲动不同。它是持续的。这也是人类福祉和种族延续得以保障的另一种方式，通过庞大的人口数量来繁衍。在其他生物中，生命采取了其他手段来确保这种生存，例如，在许多生物中，我们发现雌性产下大量永远不会发育的卵。其中很多都会丢失或被破坏，但庞大的数量确保总有一些能够存活下来。对人类来说，繁衍后代也是一种存活方式。因此，我们会发现，在爱情和婚姻这个问题上，那些自发地对人类福祉感兴趣的人最有可能生育子女，而那些有意识或无意识地对他人不感兴趣的人会拒绝承担繁衍后代的责任。如果他们总是索取和期望，从不付出，他们就不会喜欢孩子。他们只关心自己，将孩子视为麻烦、困扰、讨厌的东西；视为会妨碍他们关注自己的东西。因此，我们可以说，要完全解决爱情和婚姻问题，做出生育子女的决定是必需的。良好的婚姻是我们所知的抚养人类后代的最佳途径，婚姻应该始终将这一点考虑在内。

在当代社会生活中，一夫一妻制是解决爱情与婚姻问题的基本范式。当两个人建立起如此亲密无间、彼此奉献的关系时，就应当坚守这一关系的根本承诺，而非寻求逃避的出口。虽然现实中确实存在关系破裂的可能——这固然难以完全避免——但如果我们能够将婚姻视为一项需要共同完成的社会使命，而非单纯的个人情感体验，那么维系关系的可能性就会大大提升。遗憾的是，许多婚姻的失败源于伴侣双方未能全心投入：他们不是在积极经营婚姻，而是被动等待获得某种满足。这种消极态度注定导致失败。我们必须摒弃两种常见的认知误区：其一，将爱情与婚姻幻想成永恒的伊甸园；其二，将婚姻视为人生故事的完美结局。事实上，婚礼恰恰意味着全新生活的开始——正是在婚姻关系中，人们才真正面临重要的人生课题，并获得为社会创造价值的宝贵机会。我们的文化中普遍存在着将婚姻过度浪漫化的倾向。数以千计的文学作品都将"从此幸福地生活在一起"作为故事的终点，而实际上，这正是人生新篇章的起点。另一个关键认知是：爱情并非解决所有问题的万能钥匙。爱情的表现形式多种多样，而维系婚姻更需要依靠共同的事业追求、生活志趣和协作精神。唯有通过持续的工作、相互理解和通力合作，才能真正构建稳固的婚姻关系。

婚姻的本质从来不是神秘莫测的谜题。一个人的婚姻态度，恰似一面映照其整个人格的明镜——洞悉其完整的生活风格，方能真正理解他的婚恋观。这种态度与其全部人生追求和终极目标密不可分。正是基于这种关联性，我们才能解释为何许多人将婚姻视为可随时抽身的临时契约。我要明确指出：这类人本质上都是未曾断奶的"巨婴"。他们构成了社会中的危险分子——这些心理年龄停滞在幼童阶段的个体，固守着畸形的认知模式："我的所有欲望都必须被满足"。一旦遭遇挫折，便立即陷入存在主义危机："得不到想要的，活着还有什么意义？"他们将这种扭曲的生活哲学不断强化，在神经症与心理障碍中寻求病态慰藉，甚至将自己的偏执妄想美化为独特的人生智慧。

这种思维模式的根源可追溯至早期的教养环境：他们曾享有有求必应的特权时期，至今仍幻想通过情感勒索（哭闹、抗议或消极抵抗）来操控他人。在他们眼中，世界不过是满足个人欲望的工具，全然不顾生命的整体性。其典型表现就是：拒绝付出、贪图享乐、不容拒绝。这种心态催生了各种畸形的婚恋观：婚姻试用期、伴侣制婚姻、简化离婚程序，甚至在婚约之初就公然要求出轨特权。然而，真正的亲密关系需要具备三项核心品质：如挚友般的真诚，似至亲般的尽责，像磐石般的忠贞。我认为，当一个人在爱情与婚姻中屡战屡败时，至少应当醒悟：这正暴露出其整个人生观的致命缺陷。婚姻不是儿戏，而是检验一个人人格成熟度的终极试金石。

一个人也必须对子女的福祉感兴趣，如果一段婚姻建立的基础不当，那么这对夫妻对于子女的抚养就会存在巨大困难。如果父母经常争吵，将婚姻视为儿戏，也没有认识到"婚姻中的问题是可以解决的、关系是可以成功延续下去的"，那么这样的环境对孩子的发展是非常不利的。

确实存在某些情况，婚姻关系可能难以为继，甚至分开对双方更为有利。但关键问题在于：谁有资格做出这个决定？我们能将决定权交给那些自身缺乏正确教育观、未能理解婚姻本质、只关注个人得失的人吗？这些人看待离婚的态度，往往与他们对待婚姻的态度如出一辙——"我能从中获得什么好处？"显然，这样的人并不适合做出关乎婚姻存续的重大决定。现实生活中，我们不难发现一些人陷入"离婚-再婚-再离婚"的循环，却始终重复着相同的错误模式。那么，究竟谁有资格裁决婚姻的存续？有人或许会建议由精神病学家来评估。但这同样存在问题。以欧洲为例（虽然不确定美国情况是否类似），我发现多数精神病学家过分强调个人幸福至上。在这种理念指导下，他们往往会建议当事人寻求新的感情寄托，认为这是解决问题的良方。但我相信，随着专业认知的深化，这种观点终将改变。当前之所以会出现这种建议，是因为部分专家尚未充分理解：婚姻问题是与其他人生重要课题紧密相连的整体。只有当专业人士能够全面把握婚姻关系与社会责任、人生使命的内在联系时——这也正是我一直倡导的思考维度——他们才能给出真正有价值的专业意见。

将婚姻异化为解决个人困境的工具，这是一种根本性的认知谬误。以欧洲为例（尽管我对美国情况不甚了解），我注意到一个令人忧虑的现象：当青少年出现神经症症状时，某些精神病学家动辄建议其通过恋爱或性关系来"治疗"。这种处方思维同样被套用在成年患者身上，实质上是将亲密关系神话为包治百病的万灵丹——这种危险的误导必将导致更严重的身心创伤。我们必须清醒认识到：妥善处理爱情与婚姻课题，标志着人格发展的最高境界。这个命题与人类追求幸福、实现生命价值的过程密不可分，绝非可以轻率对待的儿戏。那些试图通过婚姻来矫正犯罪倾向、戒除酒瘾或治愈神经症的想法，都是对婚姻本质的严重误解。神经症患者必须首先接受系统治疗，达到适宜建立亲密关系的心理状态才能结婚。若仓促步入婚姻，只会陷入更深的困境与痛苦。婚姻作为人类文明的崇高理想，其实现需要倾注巨大的心力与创造力。我们岂能再将本不属于它的重担强加其上？真正的婚姻应当是两个完整个体的相遇，而非残缺灵魂的救命稻草。

婚姻还会以其他不适当的目的而缔结：有人将婚姻视为获取经济保障的手段，有人出于怜悯而步入婚姻，更有人将其异化为雇佣仆役的契约——这些动机都与婚姻的真谛背道而驰。更令人深思的是，我甚至目睹过有人将婚姻作为逃避人生挑战的避风港：譬如某个面临考试失利或职业困境的年轻人，因惧怕可能的失败，竟选择用婚姻来为自己预设一个体面的退路。

我们绝不能低估这个问题的严重性，而应当以更高远的视角来审视它。纵观现有的各种缓解措施，女性始终处于结构性弱势地位。不可否认，在我们的社会文化语境中，男性确实享有更优越的生存境遇。这种根深蒂固的认知偏差，绝非个人抗争所能扭转。特别是在婚姻关系中，个体的反抗往往只会破坏亲密关系，最终损害伴侣双方的利益。唯有通过文化层面的集体觉醒和系统性变革，才能真正解决问题。我的学生、底特律的雷西教授曾进行过一项颇具启示性的调查：受访女孩中高达42%表示希望成为男孩，这折射出令人忧心的性别认同危机。试想，当人类半数成员都因社会定位而陷入自我否定，与享有更多特权的另一半形成对立，爱情与婚姻的困境又如何能迎刃而解？当女性长期被规训得甘居次等地位，将物化视为常态，对男性的多偶倾向报以默许，这些深层矛盾又岂能轻易化解？

　　由此我们可以得出一个清晰而富有建设性的结论：人类本质既不适应一夫多妻制，也不适合一妻多夫制。作为共同栖息在这个星球上的平等两性，我们必须直面生活提出的三大核心命题。这些基本事实昭示我们：一夫一妻制不仅是最符合人性的制度安排，更能为婚姻中的个体提供最充分的发展空间，使其达到生命可能达到的最高境界。

图书在版编目(CIP)数据

自卑与超越 /(奥)阿尔弗雷德·阿德勒
(Alfred Adler) 著 ;(英) 艾伦·波特 (Alan Porter)
编 ; 刘邦春, 田王晋健译 . -- 重庆 : 重庆大学出版社,
2025. 7. -- (心理自助系列). -- ISBN 978-7-5689
-5348-1

Ⅰ. B848

中国国家版本馆 CIP 数据核字第 20255CD556 号

自卑与超越

ZIBEI YU CHAOYUE

[奥] 阿尔弗雷德·阿德勒（Alfred Adler） 著
[英] 艾伦·波特（Alan Porter） 编
刘邦春　田王晋健　译

鹿鸣心理策划人:王　斌
责任编辑:赵艳君　装帧设计:赵艳君
责任校对:谢　芳　责任印制:赵　晟
*
重庆大学出版社出版发行
出版人:陈晓阳
社址:重庆市沙坪坝区大学城西路 21 号
邮编:401331
电话:(023)88617190　88617185(中小学)
传真:(023)88617186　88617166
网址:http:// www. cqup. com. cn
邮箱:fxk@ cqup. com. cn(营销中心)
全国新华书店经销
重庆正文印务有限公司印刷
*
开本:890mm × 1240mm　1/32　印张:7.75　字数:174 千
2025 年 7 月第 1 版　2025 年 7 月第 1 次印刷
ISBN 978-7-5689-5348-1　定价:39.00 元